ボクの先生《せんせい》は動物《どうぶつ》たち

今泉忠明《いまいずみ ただ あき》

ハッピーオウル社

ボクの先生《せんせい》は動物《どうぶつ》たち

もくじ

第V章　夢《ゆめ》が広がる……187

I

小さな動物《どうぶつ》たちとの出会い

春は動物園《どうぶつえん》

春というと、ボクはなんとなく動物園《どうぶつえん》へ行ってみたくなります。ポカポカと暖《あたた》かいし、動物《どうぶつ》たちを見ているとホッとすることもありますが、いちばんの理由《りゆう》は、今から四〇年以上《いじょう》も前、ボクがまだ小学生のころ、よく上野動物園《うえのどうぶつえん》に出かけていって、いろいろな動物《どうぶつ》をながめていたからかもしれません。

春のある日、ボクの動物《どうぶつ》の先生・泉《いずみ》きよし先生が「上野動物園《うえのどうぶつえん》に行くけど、いっしょに行かないか?」とさそってくれたので、出かけていきました。泉《いずみ》先生は園長の古賀忠道《こがただみち》さんと、なにやら話があったようです。ボクは一人《ひとり》で園内を見にいきました。

すると建物《たてもの》を出てすぐのところに、一羽《わ》のオウムがいることに気づきました。頭に黄色い飾《かざ》り羽《ばね》がある白い大きなオウムがT字形《ティーじがた》のとまり木で退屈《たいくつ》そうにしているではありませんか。あたりにはほとんど人がいません。さっそく近づいていって、「こんちは」と言いました。でも、別《べつ》に「コンチハ」と答えるわけではありません。ペットショップのオウムとはちがうのです。

春の上野動物園《うえのどうぶつえん》。

しばらく観察《かんさつ》してから、ポケットに忍《しの》ばせていたピーナッツを一個《こ》、そーっとあげようとしました。

ところがです。オウムは、強烈《きょうれつ》なくちばしで一撃《いちげき》してきたのです。「痛《いた》ッ！」と思って手を見ると、親指《おやゆび》のつけ根《ね》がざっくりさけ、血《ち》が出ていました。

傷口《きずぐち》をなめながら、「こりゃ、まずいぞ」と思いました。泉《いずみ》先生になんて言われるか……。思わずふり返《かえ》ると、先生と園長さんはいつの間《ま》にか外へ出て、立ち話をしていました。陽気《ようき》がいいので、建物《たてもの》の中から出てきたのでしょう。ボクは傷《きず》ができた片手《かたて》をポケットに突《つ》っこんで、二人《ふたり》のそばへ走っていきました。

古賀《こが》園長さんは、「君《きみ》は動物《どうぶつ》が好《す》きなんだね。

大きくなったら飼育係《しいくがかり》にでもなるのかな」などとニコニコ笑《わら》いながらボクの頭をなでて言いました。すっかり緊張《きんちょう》してしまい、手の傷《きず》のことはすっかり忘《わす》れてしまいました。

「ライオンのひげをあげようか」と言われたときには、ボクは思わず「ハイッ」なんて手を出してしまいました。あわてて引っこめたのですが、園長さんは笑《わら》いながら、「消毒《しょうどく》しなくちゃダメだよ」と言うのです。オウムに突《つ》っつかれて半ベソをかいていたのを、ちゃんと見ていたのです。

そんな思い出のある動物園《どうぶつえん》ですが、今ではすっかり様子《ようす》が変《か》わりました。以前《いぜん》はめずらしい動物《どうぶつ》を見せるだけだったのですが、絶滅《ぜつめつ》の恐《おそ》れがある動物《どうぶつ》を保存《ほぞん》したり増《ふ》やしたりするという重要《じゅうよう》な仕事《しごと》が増《ふ》えてきたのです。

ボクが指《ゆび》を突《つ》っつかれたオウムはもういませんが、それと同じオオバタンという種《しゅ》はスイスの国際自然保護連合《こくさいしぜんほごれんごう》(IUCN《アイユーシーエヌ》)が作ったレッドリスト(絶滅《ぜつめつ》の恐《おそ》れのある生物種《せいぶつしゅ》のリスト)で絶《ぜつ》滅《めつ》の危険《きけん》が増大《ぞうだい》している種《しゅ》に指定《してい》されており、野生動物《やせいどうぶつ》を売り買いするのを規制《きせい》するワシントン条約《じょうやく》ではいちばんきびしい1類《るい》にリストアップされています。それだけでなく、インコとオウムの仲間全員《なかまぜんいん》がワシントン条約《じょうやく》の1類《るい》か2類《るい》にあげられているのです。すでに絶滅《ぜつめつ》してしまった種《しゅ》もたくさんあります。それだけ地球環境《ちきゅうかんきょう》が悪化《あっか》してきたことの証拠《しょうこ》なのでしょう。

コウモリやネズミの飼育係《しいくがかり》

泉《いずみ》先生はボクの家の近くに住《す》む動物博士《どうぶつはかせ》です。先生は当時、東京の上野公園にある国立科《こくりつか》学博物館《がくはくぶつかん》で動物《どうぶつ》の研究《けんきゅう》をしていました。先生の家にはいろいろな動物《どうぶつ》の標本《ひょうほん》があったので、ボクは毎日のように見せてもらいにいっていたのです。

上野動物園《うえのどうぶつえん》に出かけてからだいぶたったころのことです。久《ひさ》しぶりに会った泉《いずみ》先生が言いました。

「コウモリを飼《か》ってほしいんだけど。毎日、食《た》べ物《もの》と水をあげてね。食《た》べ物《もの》は虫だよ」と小さな厚紙《あつがみ》でできた白い箱《はこ》を開《あ》けました。箱《はこ》の中には丸まったハンカチが入っていて、それをそっとほぐすと、小さなコウモリが眠《ねむ》っていたのです。

「自分で食べられるようになるまでは、こうやってあげるんだ」と、先生は片方《かたほう》の手にコウモリの体をそっとのせて、ピンセットで虫をつまむと、コウモリの口の前にもっていきました。しばらく鼻《はな》の前で動《うご》かしていると、やがてパクッと食《く》いつき、「クチャクチャ」と音を立てて食べたのです。

「その虫はなに?」と聞くと、「ミノムシだよ」との答え。そうか、ミノムシをたくさんつかまえておいて、毎日一匹《ぴき》ずつあげればいいんだ~、と思ったボクは「いいよ」と軽《かる》く返事《へんじ》をしました。小さいときからカナブンやセミ、バッタ、ザリガニ、カエル、トカゲ、ヘビなどをつかまえてきては飼《か》っていたので、これなら簡単《かんたん》だと思ったのです。

でも、コウモリは毎日毎日モリモリとミノムシを食べました。たいへんなことになりました。やがてミノムシが近所《きんじょ》から姿《すがた》を消《け》し、遠くまで捕《と》りにいかなくてはならなくなったのです。学校が終《お》わると、暗《くら》くなるまでミノムシ探《さが》し! それに気づいた泉《いずみ》先生が「もう十分だ。研究《けんきゅう》室《しつ》へもっていくから」と言ってくれました。本当にホッとしました。

それからしばらくは野ネズミ、モグラなどの〝飼育係《しいくがかり》〟をまかされました。野ネズミは穀《こく》類《るい》や野菜《やさい》などで簡単《かんたん》に飼《か》えます。モグラはミミズやミノムシ、えさになれたら肉を少しあげれば良《よ》いのです。現在《げんざい》ではコウモリなど虫を食べる動物《どうぶつ》は、ふつう〝ミールワーム〟と呼《よ》ばれる小さな甲虫《こうちゅう》の幼虫《ようちゅう》で育《そだ》てます。ペットショップなどでいくらでも売っているので、毎日探《さが》し回《まわ》らなくても良《よ》いわけです。

今でも木の葉の落《お》ちた枝先《えださき》にミノムシを見つけると、いろいろなコウモリを飼《か》ったことを思

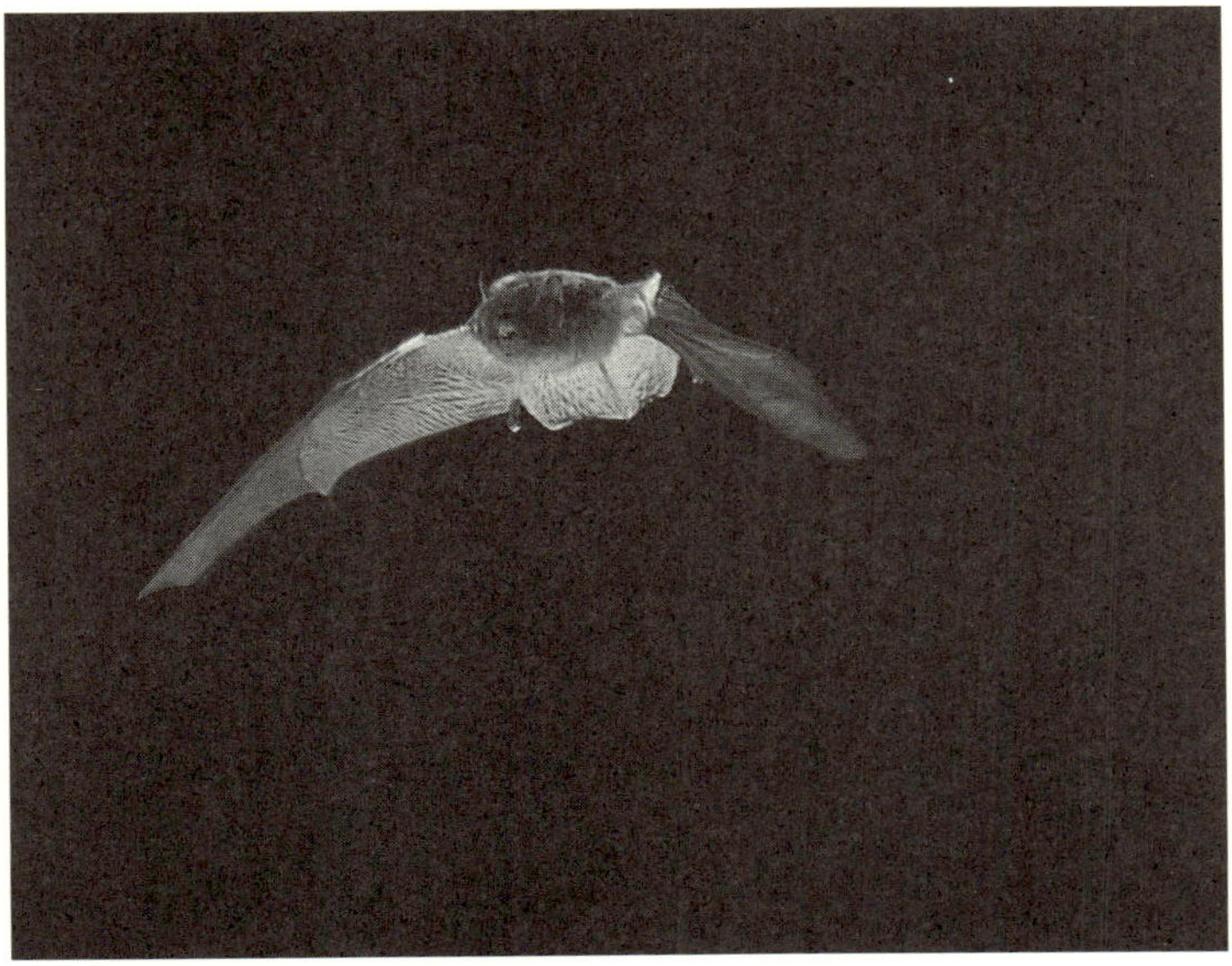

森林にすむシナノホオヒゲコウモリ。たいへん数が少なくなっている。

い出します。でも、最近《さいきん》、ミノムシがとても少なくなったのを知ってますか？　宮崎県《みやざきけん》や徳島県《とくしまけん》、福岡県《ふくおかけん》では、県《けん》で作ったレッドリストにミノムシが登場《とうじょう》しているほどなのです。なぜミノムシが減《へ》っているのか、はっきりとはわからないのですが、九州大学《きゅうしゅうだいがく》の調査《ちょうさ》では、南アジアからやってきた外来種《がいらいしゅ》のヤドリバエに寄生《きせい》されて絶滅《ぜつめつ》しかかっている、とのことです。温暖化《おんだんか》のせい？　と思わず疑《うたが》ってしまいそうになります。どこにでもいたミノムシが今や絶滅危惧種《ぜつめつきぐしゅ》とは驚《おどろ》きです。

そしてコウモリも減《へ》ってきています。町で見かけるアブラコウモリ（家コウモリ）は、農薬《のうやく》の使用量《しようりょう》が減《へ》ったためらしく、増《ふ》えてきているのですが、野山にいるコウモリは少なくなってきました。ボクが飼《か》ったウサギコウモリやシナノホオヒゲコウモリなど、さっぱり見かけなくなってしまったのです。森が切り開《ひら》かれるなど、山が荒《あ》れているからなのでしょう。

人生の転機《てんき》に立つ

コウモリや野ネズミの〝飼育係《しいくがかり》〟をしていたころ、小学校で映画《えいが》の鑑賞会《かんしょうかい》がありました。『青い大陸《たいりく》』という映画《えいが》で、人間が水中で呼吸《こきゅう》する装置《そうち》を発明《はつめい》したフランスの海洋探検家《かいようたんけんか》クストーという人が作ったものです。

今でこそエアー・ボンベを背負《せお》い、足ひれをつけて海中を自由自在《じゆうじざい》に泳《およ》ぎ回るスキューバ・ダイビングは当たり前のものですが、当時はそれが発明《はつめい》されたばかり。青い海の深《ふか》みへと、赤々《あかあか》と燃《も》えるたいまつを持《も》ったダイバーたちが潜《もぐ》っていき、調査《ちょうさ》する姿《すがた》にひきつけられてしまいました。ボクはとなりの友だちとしゃべることすら忘《わす》れて、画面《がめん》を見つめていました。

「それにしても、なぜ海の中でたいまつが燃《も》えるんだろう……」という疑問《ぎもん》が長い間、頭の中にひっかかっていました。マグネシウムという物質《ぶっしつ》が、水の中では火のように燃《も》えるということを知ったのは、大人《おとな》になってからのことでしたが、ともかくボクは海にとりつかれてしまったのです。

それまでボクは、動物園《どうぶつえん》の飼育係《しいくがかり》や泉《いずみ》先生のような立派《りっぱ》な動物学者《どうぶつがくしゃ》になりたいな、とはなんとなく思っていました。もっと小さいころは、電車《でんしゃ》の運転手《うんてんしゅ》、消防士《しょうぼうし》、警察官《けいさつかん》になりたいなんて、コロコロ変《か》わっていたのですから、いつも親に言っては「そう、ヨカッタね。がんばってね……」とあまり相手《あいて》にされませんでした。ところがです、今度《こんど》はちがったのです。いや当時は、ちがったと感《かん》じたのです。海には、どうやらコウモリやネズミとはちがう楽しさがあるはずだ、第一《だいいち》、カッコいい……。そんなことがあり、大きくなって、海の生物《せいぶつ》の研究《けんきゅう》をするために東京水産大学《とうきょうすいさんだいがく》という学校に入ったのです。

どっぷりと海につかった生活をしていたボクが大学三年生になった春、久《ひさ》しぶりに会った泉《いずみ》先生が言いました。「自動車《じどうしゃ》の運転免許《うんてんめんきょ》を取《と》ってほしいんだけど……」と。ボクは気楽にそれもいいかなと思いました。海に行くのに、車は便利《べんり》だし……と。

でも今考えれば、このとき重大《じゅうだい》な人生の転機《てんき》にさしかかっていたのです。その夏から、日本中を回って動物《どうぶつ》の調査《ちょうさ》をすることになったからです。

今でいう〃ワンボックスカー〃にキャンプ道具《どうぐ》と調査用具《ちょうさようぐ》を積《つ》みこみ、モグラやネズミなどの小形哺乳類《こがたほにゅうるい》の採集旅行《さいしゅうりょこう》が始《はじ》まりました。毎月一〜二回、富士山《ふじさん》や丹沢《たんざわ》など、近くにある山に出かけ、動物《どうぶつ》を採集《さいしゅう》し、標本《ひょうほん》を作るのです。これがまたいそがしいのです。調査《ちょうさ》の準備《じゅんび》をしたりで、ついに大学どころではなくなってしまい、海には行きたくても行けない状況《じょうきょう》になってしまいました。それを我慢《がまん》できたのは、動物《どうぶつ》を調《しら》べることが楽しくなってきたからです。

あっという間《ま》に卒業《そつぎょう》の春がやってきましたが、就職《しゅうしょく》もせず調査《ちょうさ》に没頭《ぼっとう》していました。その年から国立科学博物館《こくりつかがくはくぶつかん》がおこなう「日本列島総合調査《にほんれっとうそうごうちょうさ》」の調査助手《ちょうさじょしゅ》……というとカッコがいいのですが、要《よう》はアルバイトで参加《さんか》することになっていたからです。それと、秋から始《はじ》まる文部省《もんぶしょう》の「国際生物学事業計画《こくさいせいぶつがくじぎょうけいかく》（IBP《アイビーピー》）」という調査《ちょうさ》にも加《くわ》わらなくてはなりませんでした。

これらはすべて、泉《いずみ》先生の計画《けいかく》でした。

IBP《アイビーピー》は志賀高原《しがこうげん》のうっそうたる針葉樹林《しんようじゅりん》の中でおこなわれました。森の名は〃おたの申《もう》すの平《だいら》〃。変《へん》な名前ですが、冬は雪が多く、昔《むかし》からよく人が遭難《そうなん》し「おたの申《もう》す、おたの申《もう》す」と助《たす》けを求《もと》めたから名づけられた……といいます。

そんなこわそうな森での調査《ちょうさ》で、新発見《しんはっけん》がありました。山道のわきに小さな動物《どうぶつ》のトンネル

森の中でキャンプをしながら動《どう》物《ぶつ》調《ちょう》査《さ》をする。

ミズラモグラは
体長 10 cm ほど
の小さなモグラ。

がありましたが、手でトンネルをつぶしておくと、次《つぎ》の日には必《かなら》ず修理《しゅうり》されているのです。ということは、毎日必《かなら》ず小さな生《い》き物《もの》が通るということですから、ここに穴《あな》を掘《ほ》って、ワナをしかければ、何かがしとめられるはずです。どんなものがかかるか、楽しみでした。真夜中《まよなか》もワナを見にいきます。小さな生《い》き物《もの》は、ワナにかかって何も食べられないと二～三時間で死《し》んでしまうからです。

次《つぎ》の日の早朝、かかっていました。ミズラモグラという小さなモグラです。元気に動《うご》き回っているではありませんか。それまで標本《ひょうほん》すらいくつもなく、ましてや生きている状態《じょうたい》でつかまえられたのは初《はじ》めてのことです。

「先生～！　たいへんだ。珍品《ちんぴん》が捕《と》れましたよ～っ」と、まだテントでグースカ眠《ねむ》っている泉《いずみ》先生のところへ走りました。

ボクはこのころ感《かん》じはじめたのです。泉《いずみ》先生や助手《じょしゅ》の人たちを手伝《てつだ》いながらみんなと仕事《しごと》をする楽しさだけでなく、自分にもやれることがある、と思えるようになりました。自分も人の役《やく》に立てる、自分がいることに意味《いみ》がある、と感《かん》じられたことはボクにとってとても重要《じゅうよう》なことでした。

車の運転《うんてん》、テント張《は》り、珍品採集《ちんぴんさいしゅう》、コック……。このころすでに、ボクが欠《か》ければ、調査《ちょうさ》がスムーズにできない状態《じょうたい》になっていたのです。目指《めざ》すは泉《いずみ》先生のような動物学者《どうぶつがくしゃ》、ひそかに思いはじめました。

なくなった書類《しょるい》

国立科学博物館《こくりつかがくはくぶつかん》の泉《いずみ》先生のところに、沖縄《おきなわ》から「ケナガネズミ」という大きなネズミが送《おく》られてきました。ニワトリが二羽《わ》も飼《か》えそうな大きな金属製《きんぞくせい》のケージに入っていました。初《はじ》めてこのネズミを見たボクはビックリ仰天《ぎょうてん》。大きさがネコくらいもあるのです。

ケナガネズミは日本最大《さいだい》のネズミで、測《はか》ってみると体の長さが三〇センチメートルもありました。それに長いしっぽ。三四センチメートルもありました。世界《せかい》でも沖縄《おきなわ》と奄美大島《あまみおおしま》・徳之島《とくのしま》の原生林《げんせいりん》だけにすみ、木の上を動《うご》き回って木の実などを食べています。大きさといい食《た》べ物《もの》といい、まるでリスです。でも尾《お》の先半分が白くて、ケナガネズミの名の通り、体中にまばらですが七センチメートルもある長い毛がボサボサと生《は》えていました。

「ネズミだから手を出すとかみつくかな……」と思いながら、切ったリンゴをあげてみました。

するとリスのように手で持《も》って、おいしそうに食べました。おとなしくて、動《うご》きがとてもかわいらしいのです。

泉《いずみ》先生が「しばらく飼《か》って、観察《かんさつ》しよう」と言いました。ケナガネズミは飼育室《しいくしつ》ではなく研究室《けんきゅうしつ》で飼《か》われることになりました。泉《いずみ》先生の机《つくえ》の片隅《かたすみ》にケージが置《お》かれました。泉《いずみ》先生もそうとう気に入ったのです。

それから数日《すうじつ》が過《す》ぎたときのことです。泉《いずみ》先生が朝からしきりに何かを探《さが》していました。「おかしいな～」、「変《へん》だな～」とつぶやいています。そのうち泉《いずみ》先生は「仕方《しかた》がない、書き直すか」とひとりごとを言いながら、新たに書類《しょるい》を書きはじめていました。

その次《つぎ》の朝のこと、先生はまた探《さが》しものをしていました。書きかけの書類《しょるい》がなくなった、というのです。ボクは、「カバンに入っているんじゃないですか?」なんて軽《かる》く言いました。でも、書類《しょるい》は出てこなかったのです。

またその次《つぎ》の朝も書類《しょるい》がなくなりました。こうなると、泉《いずみ》先生がそそっかしいからではないということがわかります。みんなで、研究室《けんきゅうしつ》の中を探《さが》しました。でも見つかりません。午後になってから、泉《いずみ》先生が「こりゃたまげた」と大きな声を上げました。ケナガネズミのケージの中に書類《しょるい》があったのです。細かく切り裂《さ》かれています。ということは、ケナガネズミが

体は大きいけれど、おとなしいケナガネズミ。

切ったにちがいありません。ケナガネズミは紙切れの間でヌクヌクと眠《ねむ》っています。よく見ると、山のような巣《す》材《ざい》はすべて書類《しょるい》だったのです。これにはさすがの泉《いずみ》先生も驚《おどろ》いていました。でも、なぜ……！

　ケナガネズミの入っているケージのとびらを入念《にゅうねん》に調《しら》べました。何度《なんど》もとびらを開《あ》けたり閉《と》じたりしていて、やっと気づきました。ケナガネズミは夜になってから目を覚《さ》ますと、手で留《と》め金《がね》をはずしてとびらを開《あ》け、外に出歩くなどして巣材《すざい》をせっせと運《はこ》び入れたのです。ケージが少し傾《かたむ》いていたため、とびらはしばらくすると、ひとりでにゆっくりと閉《し》まりました。

　ボクにはケナガネズミが巣《す》に戻《もど》っているというのが驚《おどろ》きでした。逃《に》げた動物《どうぶつ》はたいてい標本棚《ひょうほんだな》の裏《うら》の隙間《すきま》などに入りこみ、そこで死《し》んでいるのがふつうだったからです。ケナガネズミはケージを自分の巣《す》だとしっかり覚《おぼ》えていたのです。そんな利口《りこう》なネズミでしたから、その後は長い間、飼《か》われることになったのはいうまでもありません。

今ではケナガネズミは天然記念物《てんねんきねんぶつ》、レッドリストでは絶滅危惧種《ぜつめつきぐしゅ》に指定《してい》されています。ネズミとはいえ、たしかに貴重《きちょう》な生《い》き物《もの》です。世界中《せかいじゅう》でこの地域《ちいき》だけにしかすんでいないというのも大切な理由《りゆう》の一つですが、生態学的《せいたいがくてき》にも興味深《きょうみぶか》いのです。北海道《ほっかいどう》や本州《ほんしゅう》・四国《しこく》・九州《きゅうしゅう》では木の上で木の実を食べ、あちこちに隠《かく》したりして森を広げる働《はたら》きをする動物《どうぶつ》はリスの仲間《なかま》です。沖縄本島《おきなわほんとう》や奄美大島《あまみおおしま》などの森にはリスはいませんが、この島々《しまじま》の森でリスのような働《はたら》きをしているのがケナガネズミだといえるでしょう。森林の伐採《ばっさい》などがこのめずらしいネズミを絶《ぜつ》滅《めつ》の縁《ふち》に追《お》いこんでいるのです。

新潟《にいがた》のエチゴモグラ

毎月のように志賀高原《しがこうげん》へ通っていたとき、新潟《にいがた》の長岡市立博物館《ながおかしりつはくぶつかん》に勤《つと》めていた兄から連絡《れんらく》をもらいました。新潟市《にいがたし》の周《まわ》りにエチゴモグラという巨大《きょだい》なモグラがいるので、それを調査《ちょうさ》したたい……というのです。

日本にはこのエチゴモグラのほかに、志賀高原《しがこうげん》で調《しら》べたミズラモグラ、コモグラ、アズマモグラ、コウベモグラ、サドモグラ、そして近年見つかったセンカクモグラの七種《しゅ》がいます。最《さい》大《だい》のものはコウベモグラの体長一六・五センチメートルですが、これに匹敵《ひってき》する大きなモグラがなぜか越後平野《えちごへいや》の真《ま》ん中《なか》だけにいるというのです。

動物《どうぶつ》というのは、ふつう点々《てんてん》と島《しま》のように分布《ぶんぷ》することはありません。たとえばコウベモグラを例《れい》にとると、九州《きゅうしゅう》から関西《かんさい》、そして富士山《ふじさん》のあたりまでずっとつながって分布《ぶんぷ》しているものなのです。鳥のように空を飛《と》ぶものはポツンと点のようにいても不思議《ふしぎ》はないのですが、まさかモグラが空を飛《と》ぶなんていうことは絶対《ぜったい》にないですから……。

しかも、越後平野《えちごへいや》にはもう一種《しゅ》、小形《こがた》のコモグラがエチゴモグラをとりかこむようにしています。体長は一三センチメートルしかありません。二種《しゅ》のモグラのどちらが優勢《ゆうせい》なのか、などわからないことが多いのです。

モグラをつかまえるワナ、スコップ、地図などを車に積《つ》みこみ、早速《さっそく》、現地《げんち》へ出かけました。自動車《じどうしゃ》についている距離計《きょりけい》で一〇〇メートルごとにモグラのトンネルを調《しら》べます。

コウベモグラは、体が大きいだけに太いトンネルを掘《ほ》ります。横《よこ》はばが六・五センチメートルもあり、手を入れると人差《ひとさ》し指《ゆび》から小指《こゆび》までの四本が入ります。コモグラは小さく、トンネルも人差《ひとさ》し指《ゆび》から薬指《くすりゆび》まで入るだけで、横《よこ》はばは五センチメートルほどです。

ですからモグラのトンネルを探《さが》して、手を入れるだけでどちらのモグラがすんでいるのかがわかるのです。これが確実《かくじつ》かどうかを知るために、モグラ用のワナをかけます。体の小さなコモグラは、太いエチゴモグラのトンネルにも入れますから、実際《じっさい》に入っているのかどうかもワナをかければわかるわけです。

広い田園地帯《でんえんちたい》に網《あみ》の目のように張《は》りめぐらされた農道《のうどう》を、毎日毎日、調《しら》べながら走ります。車に乗《の》っては降《お》り、トンネルを探《さが》してはかがみこんで穴《あな》の直径《ちょっけい》を調《しら》べ、地図に記入《きにゅう》していきます。雨が降《ふ》ろうが槍《やり》が降《ふ》ろうが、朝から晩《ばん》まで走り回ります。おかげで腰《こし》が痛《いた》くなりました。

だんだんわかってきたのは、エチゴモグラは砂《すな》の多いやわらかな土地にしかいないということでした。二種《しゅ》のモグラの境界線《きょうかいせん》を調《しら》べましたが、小高い丘《おか》のように少しでも標高《ひょうこう》が高いところには、コモグラがすんでいました。見た目にはなんの変《か》わりもない水田地帯《すいでんちたい》の真《ま》ん中《なか》で両《りょう》種《しゅ》が分布《ぶんぷ》を分けているところもありましたが、やはり土の質《しつ》が問題《もんだい》なのかもしれません。

エチゴモグラは体が大きいので穴《あな》を掘《ほ》るのがたいへんで、楽にトンネルを掘《ほ》れるところにしかいないらしいのです。小さなコモグラは、穴《あな》を掘《ほ》るエネルギーはそれほど必要《ひつよう》ではありませ

赤っぽい体に大きな手をもつエチゴモグラ。
やわらかな土地にすむ。

黒っぽい体のコモグラ。
固《かた》い土地でもすめる。

んから、少ない食《た》べ物《もの》でも十分で、少しくらいなら固《かた》い土地でも生活《せいかつ》できます。きっと体の小さなコモグラはときどきエチゴモグラのトンネルを使《つか》って、ちゃっかり入りこみ獲物《えもの》を食べ、見つかると大急《おおいそ》ぎで自分のトンネルに逃《に》げこんでいるのでしょう。体の大きなエチゴモグラは、コモグラのトンネルには簡単《かんたん》には入れないからです。

なぜ越後平野《えちごへいや》にだけこんな大きなモグラがいるのか、今もってなぞです。モグラは進化《しんか》すると大《おお》形化《がたか》して強いものですが、エチゴモグラは特別《とくべつ》なようです。大きくても弱いからです。エチゴモグラは数も少なく、すむ地域《ちいき》はどんどん減《へ》っているような気がします。

ノウサギに負《ま》けるな

エチゴモグラの調査《ちょうさ》をひと通り終《お》えたその冬のこと、また兄から電話がありました。「長岡《ながおか》市立博物館《しりつはくぶつかん》のある悠久山公園《ゆうきゅうざんこうえん》にノウサギがすんでいて、人や車に邪魔《じゃま》されることなく活動《かつどう》しているから、生態《せいたい》を調《しら》べるにはとてもいい」というのです。

二月、雪がたっぷりある時期《じき》を選《えら》んで、出かけていきました。空《から》っ風《かぜ》の吹《ふ》く東京からみると長岡《ながおか》は別世界《べっせかい》です。一面《いちめん》の雪、雪。それも二メートルは積《つ》もっているのですから。

駅前《えきまえ》で迎《むか》えに来ていた兄と会い、長靴《ながぐつ》と「カンジキ」を買いました。長靴《ながぐつ》は雪国独特《ゆきぐにどくとく》のもので、足がもぐっても雪が長靴《ながぐつ》の中に入らない仕組《しく》みのものです。「カンジキ」は、木の枝《えだ》を丸めて、網《あみ》のないテニスのラケットふうにしたもので、これをつければやわらかな雪の上をスイスイと歩けるはずです。

麻縄《あさなわ》でカンジキを長靴《ながぐつ》に結《ゆ》わえつけました。早速《さっそく》ためしてみると、思ったよりも調子《ちょうし》がいいのです。新雪だと三〇センチメートルくらいはもぐるのですが、たしかに歩けます。もしかして、カンジキがなくてももぐらないのかも……と思い、はずしてみてビックリ。スポッと片足《かたあし》が一メートルもぐってしまい、雪の中に転《ころ》がってしまったのです。

今度《こんど》は準備万端《じゅんびばんたん》、カンジキをつけ、兄と二人《ふたり》で地図とカメラを持《も》って悠久山公園《ゆうきゅうざんこうえん》に出かけました。歩きはじめてすぐにノウサギの足跡《あしあと》が見つかりました。細長い大きな足跡《あしあと》と棒《ぼう》で突《つ》いたような小さな丸い足跡《あしあと》がセットで並《なら》んでいます。ノウサギは前足で地面をかくようにしてピョンピョンと跳《と》ぶから、進行方向《しんこうほうこう》は細長い大きな足跡《あしあと》がついている方です。地図にしるしをつけて、追跡《ついせき》を始《はじ》めます。

ザック、ザックと雪を踏《ふ》みしめ、ノウサギの足跡《あしあと》をゆっくりと追《お》いかけます。急《きゅう》な斜面《しゃめん》を下ると、小さな沢《さわ》を渡《わた》り、反対側《はんたいがわ》の急斜面《きゅうしゃめん》をかけ上がっています。こんな上《のぼ》り下りを二回もくり返《かえ》すと、もう息《いき》が切《き》れてきました。ノウサギに負《ま》けてたまるか、とがんばるのですが、そうもいきません。ひと息入《いきい》れながら、耳を澄《す》まします。風の音に混《ま》ざってノウサギの足音が聞《き》こえてくるかもしれないからです。それからまた追跡《ついせき》です。

ササの茂《しげ》みに近づいたとき、ピョーンと真《ま》っ白《しろ》なノウサギが飛《と》び出しました。カメラを持《も》っていることを忘《わす》れ、呆然《ぼうぜん》とながめるだけ。あっという間《ま》に尾根《おね》を越《こ》え、姿《すがた》が見えなくなりました。それからの足跡追跡《あしあとついせき》は真剣《しんけん》です。ヨイショ、ヨイショと尾根《おね》を登《のぼ》っていくと、ノウサギが

トウホクノウサギ。体は冬は白く、夏には褐色《かっしょく》(茶色)になる。

こちらを見ています。「カメラ！」っと思った瞬間《しゅんかん》、ノウサギはピョンピョンと走り出し、また姿《すがた》を消《け》しました。こんなことの連続《れんぞく》で、ヘトヘトになってきました。「これじゃダメだ」。二人《ふたり》で作戦《さくせん》を練《ね》りました。「二人《ふたり》ではさみうちにしよう」というわけで、別々《べつべつ》の方向《ほうこう》へ歩くというものです。また追跡《ついせき》を始《はじ》めました。

ひと息《いき》入れているとき、「サッサッサッ……」という雪の上を動物《どうぶつ》が走る音がして、目の前にノウサギが現《あらわ》れたのです。ノウサギは目が悪《わる》いらしく、目の前で止まりました。「そのまま。そのままで」と念《ねん》じながらカメラを構《かま》えたとたん、ノウサギが走り出しました。でも、とりあえずシャッターを押《お》しました。なんでもいいから一枚《まい》、ともかく撮影《さつえい》したのです。地図に足跡《あしあと》や姿《すがた》を見た地点を書き入れていくと、ノウサギは大きな円を描《えが》いて走っていることがわかりました。これがノウサギの行動圏《こうどうけん》なのです。直径《ちょっけい》にしておよそ四〇〇メートル。彼《かれ》らはその中で食べたり休んだり、冬の生活を楽しんでいるのです。

北海道《ほっかいどう》・幌尻岳《ぽろしりだけ》のクビワコウモリ

そうこうしているうちに、泉《いずみ》先生のいた国立科学博物館《こくりつかがくはくぶつかん》で、植物《しょくぶつ》・動物《どうぶつ》・地学《ちがく》にわたる日本列島総合調査《にほんれっとうそうごうちょうさ》が始《はじ》まりました。一回の調査《ちょうさ》が十日から十五日ですから、運転手《うんてんしゅ》・コック・そして調査員《ちょうさいん》として参加《さんか》していたボクは大いそがしです。岩手県《いわてけん》の早池峰山《はやちねさん》・五葉山《ごようざん》の調査《ちょうさ》を皮切《かわき》りに、北海道《ほっかいどう》の日高山脈《ひだかさんみゃく》、九州《きゅうしゅう》の対馬《つしま》と続《つづ》きました。

北海道《ほっかいどう》の調査《ちょうさ》は山奥《やまおく》です。丸一日、道なき道を急流《きゅうりゅう》に沿《そ》って登《のぼ》ります。重《おも》い採集用具《さいしゅうようぐ》を背《せ》負《お》ったまま沢《さわ》に落《お》ちて全身《ぜんしん》びしょ濡《ぬ》れの研究員《けんきゅういん》もいて、必死《ひっし》です。ふだんはのんきな泉《いずみ》先生も真剣《しんけん》な顔つきです。流《なが》れをジャブジャブ渡《わた》れない深《ふか》いところは、岩にへばりつき、通りぬけます。それでもどうにかこうにか、夕暮《ゆうぐ》れまでに全員《ぜんいん》が、幌尻岳《ぽろしりだけ》のふもとにひっそりと建《た》つ営《えい》林署《りんしょ》の小屋《こや》にたどりつきました。

あたりは暗《くら》い針葉樹林《しんようじゅりん》で、背《せい》よりも高いササが茂《しげ》っています。調査《ちょうさ》の前の年、その小屋《こや》の上の方で〝人食《ひとく》いグマ〟が五人の登山者《とざんしゃ》を襲《おそ》い、三人を食《く》い殺《ころ》したという事件《じけん》があったので、見通しのきかないササやぶは恐怖《きょうふ》です。そんなところでネズミのワナをかけ、コウモリをつかまえようというのですから、あまりうれしくはありません。

調査班《ちょうさはん》の中に一人《ひとり》、岩手から参加《さんか》していた小学校の先生、遠藤公男《えんどうきみお》さんはコウモリ専門《せんもん》です。先生は散弾銃《さんだんじゅう》を使《つか》って飛《と》んでいるコウモリを採集《さいしゅう》する、という特殊《とくしゅ》な才能《さいのう》の持《も》ち主《ぬし》です。遠《えん》藤《どう》先生は夕方になると暗《くら》い森をぬけ、幌尻岳《ぽろしりだけ》の稜線《りょうせん》まで出かけていきます。稜線《りょうせん》の岩陰《いわかげ》にうずくまって冷《つめ》たい風を避《さ》け、コウモリが飛《と》ぶのを待《ま》つのです。夕日が沈《しず》み、紫色《むらさきいろ》になった空をヒラヒラとコウモリが飛《と》びはじめます。しばらくして、遠藤《えんどう》先生が夕闇《ゆうやみ》に向《む》けて一発《ぱつ》、「ダーン！」と撃《う》ちました。見事命中《みごとめいちゅう》。ヒラヒラとコウモリが落《お》ちてきました。先生の目は千里《せんり》眼《がん》。ほとんど真《ま》っ暗《くら》なのに、撃《う》ち落《お》としたコウモリをちゃんと回収《かいしゅう》してくるのです。

そんな獲物《えもの》の一つにクビワコウモリがありました。首の周《まわ》りに黄金色《おうごんいろ》の帯《おび》があって、日本産《にほんさん》のコウモリとしてはきれいです。その晩遅《ばんおそ》く、標本《ひょうほん》になったクビワコウモリをながめながら、

クビワコウモリ。“日本一美《うつく》しい金色のコウモリ”と専門家《せんもんか》はいうが……。

遠藤《えんどう》先生はご満悦《まんえつ》です。

翌日《よくじつ》、先生はついてきていた新聞記《しんぶんき》者《しゃ》に「輝《かがや》くばかりの美《うつく》しさをもった金色のコウモリをつかまえましたよ。こんな美《うつく》しいコウモリはほかにいませんね……」と語《かた》ったので、記者《きしゃ》もビックリ。鉛筆《えんぴつ》をなめなめ、メモっています。きっと頭の中には、金ぴかのコウモリの姿《すがた》を描《えが》いているにちがいない、とボクは想像《そうぞう》しました。

一応《いちおう》の質問《しつもん》が終《お》わったとき、「ところで先生、その美《うつく》しい獲物《えもの》を見せてくださいよ。写真《しゃしん》に撮《と》りたいし……」と記者《きしゃ》が言いました。遠藤《えんどう》先生は満足《まんぞく》そうに小さくうなずきながら、標本《ひょうほん》ケースを取《と》り出し、うやうやしくふたを開《あ》けました。そして「これですよ」と大切そうに、クビワコウモリの標本《ひょうほん》をなでました。興奮気味《こうふんぎみ》にのぞきこんだ記者《きしゃ》がつぶやきました。「こ・れ・で・す・か?」「そうです。実《じつ》に美《うつく》しいでしょう……」と、さもいとおしいといった顔つきで微笑《ほほえ》みました。ふつうの人が見たら、ただの茶色っぽいコウモリ！　いや、冗談《じょうだん》じゃなく遠藤《えんどう》先生は美《うつく》しいと思っているのです。美《うつく》しさとは、人によってずいぶんちがうものなのです。

果報《かほう》は寝《ね》て待《ま》て

幌尻岳《ぽろしりだけ》の方に登《のぼ》って調査《ちょうさ》していた植物班《しょくぶつはん》の人たちが下りてきました。小屋《こや》に入るなり、「ヒグマが姿《すがた》を現《あらわ》したんです！」と言ったものですから、全員《ぜんいん》に緊張《きんちょう》が走りました。「でも、遠くでしたから……」の言葉《ことば》に少し安心《あんしん》して、翌日《よくじつ》は予定通《よていどお》り哺乳類班《ほにゅうるいはん》も幌尻岳《ぽろしりだけ》へ行くことになりました。

早朝、まだ薄暗《うすぐら》いうちに出発《しゅっぱつ》です。ササの茂《しげ》みをぬけて、急《きゅう》な坂《さか》にさしかかります。うっそうとした暗《くら》い森です。みんな静《しず》かに登《のぼ》っていますが、内心ドキドキなのでしょう。クマに出会ったらどうしよう……なんて考えているにちがいありません。急《きゅう》な登山道《とざんどう》は疲《つか》れますが、一気に高度《こうど》が上がります。一時間も歩くと、暗《くら》い森をぬけ、やがて花畑《はなばたけ》に出ました。遠くに幌《ぽろ》尻岳《しりだけ》が見えます。

双眼鏡《そうがんきょう》で観察《かんさつ》です。クマを探《さが》しているのではありません。ボクの目的《もくてき》はナキウサギでした。ナキウサギは大きな岩がゴロゴロある岩場にすんでいますから、近くに適当《てきとう》な岩場《いわば》がないか、と探《さが》していたのです。ナキウサギは、耳が短《みじか》くシッポのないネズミのようで、ウサギには見えません。小鳥のように「ピッ、ピーッ」と鳴《な》いて縄張《なわば》り宣言《せんげん》をしますから、これもウサギらしくないところです。

ナキウサギが北海道《ほっかいどう》にすんでいることがわかったのは、比較的《ひかくてき》近年の一九二八年のことです。それまではシベリアやモンゴルなどにしかすんでいないと思われていました。その年、置戸《おけと》の植林地《しょくりんち》で、植《う》えた苗木《なえぎ》が何者《なにもの》かにかじり取《と》られる出来事《できごと》が相次《あいつ》ぎ、不思議《ふしぎ》に思ってワナをかけたところナキウサギが捕獲《ほかく》された、というわけです。

岩場を見つけて、ボクはカメラをかかえて岩の上に座《すわ》り、静《しず》かにして、出てくるのを待《ま》つことにしました。遠くから「ピーッ」という声が聞こえてきました。「やはり、ここにすんでい

ネズミのように見えるナキウサギ。氷河時代《ひょうがじだい》の生《い》き残《のこ》りといわれる。

るんだ」と、うれしくなりました。足もとの岩の間をのぞいたり、遠くの岩の上をながめたり、「早く出てこい」と祈《いの》っていました。ところがなぜか一向《いっこう》に姿《すがた》を見せません。登山靴《とざんぐつ》で岩の上をゴトゴト歩き回ったため、警戒《けいかい》しているのかもしれません。

岩の上にいると、日が当たって暖《あたた》かく、とても気持《きも》ちのいい気分になります。あんまりナキウサギが現《あらわ》れないので、ゴロッと横《よこ》になりました。目を閉《と》じて、花畑《はなばたけ》の風の音やナキウサギの声を聞いていました。ところが、ついウトウトと眠《ねむ》ってしまったのです。

三〇分くらい眠《ねむ》っていたでしょうか。

耳もとで「ピーッ」という声がしたので、ビックリして目を開《あ》けました。横目《よこめ》で声のした方を見ると、すぐそばにナキウサギがいました。ゆっくりと、静《しず》かに、少しずつ、カメラを構《かま》えました。ナキウサギはまだ空を見上げるような姿勢《しせい》でじっとしています。「カシャ」とシャッターを押《お》したとたん、ピューッと岩の下に隠《かく》れてしまいました。でも、写真《しゃしん》が撮《と》れたので、山を登《のぼ》ってきたかいがあるというものです。「果報《かほう》は寝《ね》て待《ま》て」といいますが、実《じつ》に、昔《むかし》の人の言うことは正しい……なんて、勝手《かって》に思ったものです。

コジネズミの教訓《きょうくん》

国立科学博物館《こくりつかがくはくぶつかん》の日本列島総合調査《にほんれっとうそうごうちょうさ》は、今度《こんど》は九州《きゅうしゅう》の対馬《つしま》に決《き》まりました。朝鮮半島《ちょうせんはんとう》と九州《きゅうしゅう》との間にあるこの島《しま》には大陸系《たいりくけい》のツシマヤマネコがすんでいます。ヤマネコをつかまえて調《しら》べようというわけではありません。ボクたちはいつも野ネズミとモグラとコウモリが目的《もくてき》です。地味《じみ》であまり格好《かっこう》はよくありませんが、小形哺乳類《こがたほにゅうるい》は種類《しゅるい》がたくさんあり、古い時代《じだい》に出現《しゅつげん》したものが多いので、動物《どうぶつ》の進化《しんか》や日本列島《にほんれっとう》の歴史《れきし》を調《しら》べるにはもってこいなのです。日本列《にほんれっ》島《とう》にすんでいる動物《どうぶつ》のほとんどは朝鮮半島《ちょうせんはんとう》とサハリン方面《ほうめん》から移住《いじゅう》してきたものです。ですから、対馬《つしま》はとても興味深《きょうみぶか》い島《しま》なのです。泉《いずみ》先生はじめ全員《ぜんいん》、大はりきりです。

　レンタカーを借《か》りて、島《しま》の北から南まで、毎日が動物採集《どうぶつさいしゅう》です。泉《いずみ》先生とワナをかけていたときです。「ワナはね、こうやってかけるんだ。草の茂《しげ》みの下をのぞくと、ほら、コケがしきつめられた小さな広場があるだろ。こういうところは、小さなネズミがやってきて、食《た》べ物《もの》を探《さが》したり休んだりする場所《ばしょ》なんだ。ネズミの気持《きも》ちになってワナをかける場所《ばしょ》を探《さが》すといいよ」と言うのです。ボクはそれまで、小さな穴《あな》が開《あ》いていて、そこから今にも出てきそうな感《かん》じの場所《ばしょ》ばかりかけていました。泉《いずみ》先生にそう言われても、なかなかそれまでのくせは直りません。穴《あな》ばかり探《さが》してしまうのです。「先生、それじゃ競争《きょうそう》しましょう」と、二人《ふたり》でそれぞれワナをかけていきました。

　翌日《よくじつ》、ワナの回収《かいしゅう》です。ボクは「きっと捕《と》れているぞ」と、ワナを見て回りますが、ぜんぜんかかっていません。草むらの向《む》こうから泉《いずみ》先生の歓声《かんせい》が聞こえました。「捕《と》れたぞ。珍品《ちんぴん》だ！」。ボクは走っていきました。なんと、その珍品《ちんぴん》とやらが捕《と》れたのは、昨日《きのう》、「こういう場《ば》所《しょ》にかけると捕《と》れるんだよ」と先生が言っていたところです。さすが泉《いずみ》先生です。「なんですか、種類《しゅるい》は……」と聞くと、「フーム、あとでゆっくり見よう」と言って見せてくれません。

肉が大《だい》好《す》きなチョウセンコジネズミ。

動物《どうぶつ》の観察用《かんさつよう》ケージがあるキャンプに戻《もど》ると、泉《いずみ》先生はゆっくりとワナからケージに移《うつ》しました。「フーム、やっぱりコジネズミだ」とひとこと言いました。泉《いずみ》先生は慎重《しんちょう》なのです。野原でワナの中をのぞいたら逃《に》げられることがあることを知っているのです。「やったー！」と大声を上げてみんな集《あつ》まってきました。

このコジネズミは本州《ほんしゅう》、四国《しこく》、九州《きゅうしゅう》にはいません。朝鮮半島《ちょうせんはんとう》にいる種類《しゅるい》です。生きているコジネズミを見るのは、日本ではボクたちが初《はじ》めてにちがいありません。頭や体が細くて、体長は六・五センチメートルしかありません。

泉《いずみ》先生は「すぐに標本《ひょうほん》にしよう」と言ったのですが、ボクは写真《しゃしん》を撮《と》ることにしました。志賀高原以来《しがこうげんいらい》、記録《きろく》用《よう》に写真《しゃしん》を撮《と》ることにしていたからです。それにかわいいから、かわいそうだし、しばらく飼《か》っても……と思ったのです。コジネズミはトガリネズミやミズラモグラと同じ食虫類《しょくちゅうるい》（モグラの仲間《なかま》）ですから、食《た》べ物《もの》はミミズなどの虫や肉です。モグモグとよく食べます。

写真《しゃしん》を撮《と》り終《お》え、ほかの動物《どうぶつ》の剥製《はくせい》づくりをしているときです。足もとを小さなものが走っていきました。「あれっ、なんだ？」と思い、何気《なにげ》なくケージをのぞいてビックリしました。大切なコジネズミの姿《すがた》がありません。「たいへんだ、逃《に》げた！」と叫《さけ》びました。

泉《いずみ》先生は、「フーム」と言ったっきりです。研究《けんきゅう》ですから、やはり、確実《かくじつ》に標本《ひょうほん》にすべきだったのです。研究《けんきゅう》は生半可《なまはんか》な気持《きも》ちではできない、とつくづく思ったものです。

富士山《ふじさん》・青木ヶ原《あおきがはら》のなぞ

富士山《ふじさん》の北西山麓《ほくせいさんろく》に広がる青木ヶ原《あおきがはら》は、一度迷《どまよ》いこむと二度《ど》と出てこられないほど恐《おそ》ろしい森だといわれていました。でも、動物学的《どうぶつがくてき》にはとてもすばらしい森です。野生動物《やせいどうぶつ》がたくさんいる楽園《らくえん》なのです。泉《いずみ》先生とチームを組んで、森の動物《どうぶつ》たちをくわしく調《しら》べることになりました。うっそうとした森の中にテントを張《は》り、そこをベースに野ネズミやモグラ類《るい》、コウモリ

森の中が研究室《けんきゅうしつ》。標本《ひょうほん》づくりも現地《げんち》でおこなう。左が泉《いずみ》先生。

を採集《さいしゅう》しようというわけです。

「ヒミズ」と聞いて、みなさんはどんな動物《どうぶつ》を想像《そうぞう》しますか。聞いたこともない、という人もたくさんいると思いますが、ヒミズは漢字《かんじ》で「日不見《ひみず》」と書きます。「日を見ない」動物《どうぶつ》、つまりモグラのたぐいなのです。とても原始的《げんしてき》で、モグラの仲間《なかま》なのに手のひらは小さく、目がはっきりとあり、長いしっぽをしています。

地中深《ちちゅうふか》くもぐる生活にはまだ十分に適応《てきおう》しきっていないのです。ですから彼《かれ》らの生活は、おもに地表に積《つ》もった落《お》ち葉《ば》の下や間を動《うご》き回って小さなミミズや昆虫《こんちゅう》の幼虫《ようちゅう》などを探《さが》して食べる、というものです。

日本にはこの仲間《なかま》が二種類《しゅるい》いて、もっとも原《げん》始的《してき》なのがヒメヒミズ、それより少し進化《しんか》したのがヒミズです。ヒメヒミズはモグラの仲間《なかま》としては最初《さいしょ》に日本列島《にほんれっとう》に大陸《たいりく》から渡《わた》ってきたと考えられます。おそらく数百万年も昔《むかし》のことだったのでしょう。

ところがその後、広大な大陸《たいりく》では少し進化《しんか》したヒミズが現《あらわ》れ、勢力《せいりょく》を拡大《かくだい》しました。ヒミズは日本列島《にほんれっとう》にも渡《わた》ってきて、前からいた原始的《げんしてき》なヒメヒミズを追《お》い払《はら》いながら広がりました。

さて、富士山《ふじさん》にはヒメヒミズとヒミズの両方《りょうほう》がすんでいます。これまで研究者《けんきゅうしゃ》たちがいろいろ調《しら》べた結果《けっか》、標高《ひょうこう》一六〇〇メートル以上《いじょう》の亜高山帯《あこうざんたい》にはヒメヒミズが、それより低《ひく》いところにはヒミズがすんでいるといわれていました。

ところが、青木ヶ原《あおきがはら》を調査《ちょうさ》していて、意外《いがい》なことがわかったのです。そのきっかけは、ある秋の終《お》わりのことです。その日はあまりに寒《さむ》いのでテント暮《ぐ》らしを中止して、本栖湖畔《もとすこはん》にある国民宿舎《こくみんしゅくしゃ》に泊《と》まることになりました。「たまにはいいじゃないか」と、泉《いずみ》先生も大喜《おおよろこ》びです。

でも、「夕食前に、周《まわ》りの森にワナをかけておこう」と言いました。もう心は温泉気分《おんせんきぶん》ですから、それこそ適当《てきとう》にワナをささっとかけ終《お》え、ゆったりとお風呂《ふろ》に入ったりしてくつろいだのです。夜、十一時、ワナの見回りです。玄関《げんかん》から一歩外に出ると、その寒《さむ》いこと。「ヒャー、やっぱり調査《ちょうさ》はテントが楽ですね〜。湯冷《ゆざ》めしちゃいますよ」と言いながら、ワナを見回ると、なにやらワナの中でゴソゴソ動《うご》いていました。

本栖湖畔《もとすこはん》は、青木《あおき》ヶ原《がはら》の下のはし、標高《ひょうこう》九〇〇メートルあたりですから、それまでの記録《きろく》からすれば捕《と》れたのはヒミズのはずです。体が冷《ひ》えると風邪《かぜ》をひいてしまいますから、大急《おおいそ》ぎで部屋《へや》に戻《もど》り、ケージに入れてみて、驚《おどろ》きました。「オーッ、こいつはヒメヒミズだ！」と泉《いずみ》先生が声をあげました。みんなドドーッとかけ寄《よ》りました。たしかに原始的《げんしてき》な尾《お》の長いヒメヒミズです。

なぜ、亜高山帯以上《あこうざんたいいじょう》にいるはずのヒメヒミズが、こんなに低《ひく》いところにすんでいるのか……、大きななぞが生まれたのです。

ヒミズとヒメヒミズのすみ分け

富士山《ふじさん》・青木《あおき》ヶ原《がはら》の調査《ちょうさ》に熱《ねつ》が入りました。毎月のように富士山《ふじさん》に出かけていき、ワナをかけ、ヒミズかヒメヒミズを捕《と》らえました。

泉《いずみ》先生は「フーム、なんとなくわかってきたぞ」と言い、とてもくわしく書かれた『富士《ふじ》山地質図《さんちしつず》』を手に入れてきました。そして「これからは、この地質図《ちしつず》を見ながら、ワナをかけよう」と言うのです。

富士山《ふじさん》は基盤《きばん》が七〇万年ほど前にでき、その上を大きく分けると四回の大きな噴火《ふんか》で流《なが》れ出した溶岩《ようがん》がおおっています。いちばん古いのがおよそ一万年前といわれる溶岩《ようがん》におおわれた西～南西側《なんせいがわ》の斜面《しゃめん》です。その次《つぎ》が北東にある山中湖《やまなかこ》の上方の五千年ほど前の溶岩流《ようがんりゅう》です。三番目が北西斜面《ほくせいしゃめん》の青木ヶ原溶岩流《あおきがはらようがんりゅう》で、西暦《せいれき》八六四年に噴火《ふんか》した富士山腹《ふじさんぷく》にある長尾山《ながおやま》からのものです。いちばん新しいのが南東斜面《なんとうしゃめん》の須走《すばしり》～御殿場《ごてんば》の火山礫地帯《かざんれきちたい》で、ここには一七〇七年に突然爆発《とつぜんばくはつ》した宝永火山《ほうえいかざん》から飛《と》び出したジャリのようなものが積《つ》もっています。古い溶岩流《ようがんりゅう》の上には植物《しょくぶつ》などが作り出した土がたくさんあります。新しい溶岩流《ようがんりゅう》の上にはまだ土はほとんどできていませんから、溶岩《ようがん》をコケがおおっているだけです。泉《いずみ》先生は、「標高《ひょうこう》とは関係《かんけい》なく、古い溶岩流《ようがんりゅう》の上には土がたくさんあるから進化《しんか》したヒミズがすんでいて、新しい溶岩流《ようがんりゅう》の上には土がないから原始的《げんしてき》なヒメヒミズがすんでいる」と仮定《かてい》したのです。

地質図《ちしつず》の青木ヶ原《あおきがはら》のところをよ～く調《しら》べました。青木ヶ原溶岩流《あおきがはらようがんりゅう》はとても複雑《ふくざつ》に流《なが》れ落《お》ちていて、少しでも高いところがあると、そこを避《さ》けて流《なが》れています。土のある古い溶岩流《ようがんりゅう》が、新しい溶岩流《ようがんりゅう》に囲《かこ》まれて島《しま》のように残《のこ》っています。泉《いずみ》先生はこれに着目《ちゃくもく》して、この新旧《しんきゅう》の溶岩流《ようがんりゅう》の境目《さかいめ》をくわしく調《しら》べよう、というわけです。

やや進化《しんか》したヒミズ。

原始的《げんしてき》なヒメヒミズ。

国民宿舎《こくみんしゅくしゃ》に泊《と》まった翌年《よくねん》の夏、巻《ま》き尺《じゃく》とロープ、磁石《じしゃく》と地図、ワナを一二〇台用意《ようい》して、青木《あおき》ヶ《が》原《はら》へ出かけました。新旧溶岩流《しんきゅうようがんりゅう》の境目《さかいめ》に一〇〇メートル四方をロープで囲《かこ》み、十メートル間隔《かんかく》で、碁盤《ごばん》の目のように細いロープで仕切《しき》り、ロープの交差《こうさ》する場所《ばしょ》にワナを一台ずつかけたのです。そして三時間おきに見回り、捕《と》れた獲物《えもの》がヒミズなのかヒメヒミズなのかを確《かく》認《にん》して毛染《けぞ》めで印《しるし》をつけて、その場所《ばしょ》で放《はな》します。これを三日間、連続《れんぞく》しておこなえば、新旧溶岩流《しんきゅうようがんりゅう》にすむヒミズとヒメヒミズの様子《ようす》がわかるはずです。

最初《さいしょ》の晩《ばん》だけで、泉《いずみ》先生の予測《よそく》が当たっていると感《かん》じました。青木《あおき》ヶ《が》原《はら》を作っている新しい溶岩流《ようがんりゅう》の上では原始的《げんしてき》なヒメヒミズしかかかりません。土がたくさんある場所《ばしょ》ではヒミズが捕《と》れます。眠《ねむ》いのも忘《わす》れて、ひたすら森の中をパトロールしました。

三日目、雨が降《ふ》りはじめました。夏とはいえ、濡《ぬ》れると冷《ひ》えます。夜にはいると、猛烈《もうれつ》な風が吹《ふ》き、森がうなり声を上げていました。実《じつ》は、台風《たいふう》が来ていたのです。ゴーッと風が強まると、あたりはまるで海の中のようです。でも、見回りは続行《ぞっこう》です。真夜中《まよなか》、木の上からヤマネがトコトコ下りてきました。そして、ピョンとコケのじゅうたんの上に足をつくと、スルスルッと穴《あな》の中に走りこんだのです。ふつうは木の上で暮《く》らしているヤマネも、猛烈《もうれつ》な風雨を避《さ》けて地中に入ったのでしょう。

大嵐《おおあらし》の中、ヒミズもヒメヒミズもふだんと変《か》わりなく活動《かつどう》していました。夜が白々《しらじら》と明けるころ、泉《いずみ》先生の予測《よそく》は、すべて的中《てきちゅう》していることがわかりました。動物《どうぶつ》というものは、力の強い者《もの》のほうが良《よ》い土地を支配《しはい》します。ヒミズの仲間《なかま》にとって良《よ》い土地とは、落《お》ち葉《ば》がたくさんあって、ふわふわしてやわらかな土があるところです。ヒミズがやわらかな土があるところにすみついたために、ヒメヒミズは落《お》ち葉《ば》が少なく岩がたくさんあるきびしい環境《かんきょう》に生き残《のこ》るしかなかったのです。

たまたま泊《と》まった国民宿舎《こくみんしゅくしゃ》のおかげで、富士山《ふじさん》の噴火《ふんか》の歴史《れきし》が動物《どうぶつ》たちに影響《えいきょう》を与《あた》えているという、興味深《きょうみぶか》い事実《じじつ》を知ることができたのです。泉《いずみ》先生の「ちょっとしたことにも大きな探求心《たんきゅうしん》をもって調《しら》べまくる」という姿勢《しせい》には、ただただ敬服《けいふく》するばかりです。

Ⅱ

壮《そう》大《だい》なアメリカの動《どう》物《ぶつ》たち

交通事故《こうつうじこ》にあう野生動物《やせいどうぶつ》

日本列島総合調査《にほんれっとうそうごうちょうさ》のときに岩手県《いわてけん》の早池峰山《はやちねさん》で手伝《てつだ》いにきた高校生の佐々木君《ささきくん》が、東京の大学に入り、国立科学博物館《こくりつかがくはくぶつかん》に顔を出しました。これから動物《どうぶつ》を採集《さいしゅう》しながらアメリカへ行ってみたい、というのです。お金がないので、シベリア鉄道《てつどう》でスウェーデンに渡《わた》り、アルバイトをしながらイギリスへ行き、そしてアメリカへ行くという計画《けいかく》です。

半年ほどして、スウェーデンから手紙とトガリネズミなどの標本《ひょうほん》が送《おく》られてきました。それからまた半年ほどして、今度《こんど》はイギリスから手紙と標本《ひょうほん》が来ました。楽しみながらゆうゆうと旅《たび》をしているのです。しばらく手紙も来ませんでしたが、ついにアメリカに渡《わた》ったという手紙が来ました。たった一人《ひとり》で、お金も持《も》たず、すごいエネルギーだと驚《おどろ》きました。

手紙の最後《さいご》に、「アメリカでできた友《とも》だちと国立公園《こくりつこうえん》を回る計画《けいかく》なので、ぜひ来てください。写真《しゃしん》を撮《と》ったり、動物《どうぶつ》を採集《さいしゅう》したりしましょう」と書いてありました。泉《いずみ》先生に話すと、「若《わか》いうちにいろいろなところを見て回るのも勉強《べんきょう》ですから、ぜひ行ってみるといいですよ。一

交通事故《こうつうじこ》にあったアライグマの親子。道路《どうろ》ではたくさんの野生動物《やせいどうぶつ》が犠牲《ぎせい》になっていた。

か月くらいなら富士山《ふじさん》などの調査《ちょうさ》を休んでもかまいませんから」と、許可《きょか》してくれました。

その年の七月、シカゴの空港《くうこう》で佐々木君《ささきくん》と久《ひさ》しぶりに対面《たいめん》しました。高校生のときの印《いん》象《しょう》が強かったのですが、彼《かれ》は長い旅《たび》の間にすっかり大人《おとな》になっていました。シカゴの町でキャンプの準備《じゅんび》を整《ととの》え、西へ向《む》かって出発《しゅっぱつ》です。西海岸《にしかいがん》のロサンゼルスまで車で走り、途中《とちゅう》にある野生動物保護区《やせいどうぶつほごく》、州立公園《しゅうりつこうえん》、国《こく》立公園《りっこうえん》などを見ていこうという計画《けいかく》です。一番の目標《もくひょう》はイエローストーン国立公園《こくりつこうえん》（ワイオミング州北西部《しゅうほくせいぶ》）です。世界《せかい》で最初《さいしょ》の国立公園《こくりつこうえん》で、道路際《どうろぎわ》にたくさんのクロクマが並《なら》んでいて観光客《かんこうきゃく》に愛嬌《あいきょう》をふりまいている、ということで有名《ゆうめい》でした。

シカゴの町を離《はな》れてしばらくするとあたりはもう一面《いちめん》の畑《はたけ》や牧場《ぼくじょう》です。その広いことにまずびっくりしました。次《つぎ》に驚《おどろ》いたのは、交通事故《こうつうじこ》で死《し》んでいる動物《どうぶつ》がたくさんいることでした。見つけるたびに車を止めて調《しら》べました。カナダヤマアラシ、アライグマ、キタオポッサム、シマスカンク、アメリカアナグマ、トウブシマリスなどです。ヤマアラシなどは標本《ひょうほん》にしようと思いましたが、そんなことをしていたらイエローストーン国立公園《こくりつこうえん》にはとても着《つ》けません。

もう道路《どうろ》の動物《どうぶつ》は見ないようにしました。ところがです。荒《あ》れ地《ち》の真《ま》ん中《なか》を走っているとき、はるか前方の道路《どうろ》に横《よこ》たわっていた動物《どうぶつ》がトコトコと歩き出したのです。それもけがをしている様子《ようす》はありません。急《きゅう》ブレーキをかけて車を止め、カメラを持《も》って飛《と》び降《お》りました。隠《かく》れたとおぼしき草むらをそっとのぞくと、キョトンとした顔でこちらを見ていました。アメリカアナグマです。写真《しゃしん》を撮《と》っても逃《に》げません。のんびりした性格《せいかく》なのでしょう。もしかすると舗装《ほそう》道路《どうろ》の上で昼寝《ひるね》でもしていたのかもしれません。別《わか》れ際《ぎわ》に、「車にひかれないように、注意《ちゅうい》するんだよ」と言いました。相変《あいか》わらずきょとんとしていましたが、日本語じゃ通じなかったかな……と思いました。

絶滅寸前《ぜつめつすんぜん》だったアメリカバイソン

シカゴを出て最初《さいしょ》に寄《よ》ったのは、サウスダコタ州《しゅう》にあるカスター州立公園《しゅうりつこうえん》です。ここでは絶滅寸前《ぜつめつすんぜん》だったアメリカバイソンを保護《ほご》していました。

アメリカバイソンは、かつては六〇〇〇万頭以上《とういじょう》もいたといわれる動物《どうぶつ》です。肩《かた》までの高さが一七〇センチメートル、体重《たいじゅう》は八二〇キログラムにもなる野生《やせい》のウシです。ヨーロッパからの移住者《いじゅうしゃ》がやってくるまでは、北アメリカで生活していたネイティブ・アメリカン（アメリカインディアンと呼《よ》ばれた）の多くの部族《ぶぞく》にとって大切な生活物資《せいかつぶっし》でした。肉は食用で皮《かわ》はテントや衣服《いふく》、カヌーの外張《そとば》りに用いられ、骨《ほね》や角《つの》や腱《けん》も生活用の小道具《こどうぐ》にされていたのです。遺跡《いせき》からの推定《すいてい》によれば、彼《かれ》らは一家族《かぞく》で一日に五〜十キログラムの肉を食べ、また一五〇人の一族《いちぞく》で一か月に約《やく》二・九トンの肉を消費《しょうひ》したといいます。一人《ひとり》一日当たり約《やく》六四〇グラムの肉を食べていたことになります。でもバイソンの数はそれほど減《へ》りませんでした。生まれる数と狩《か》られる数のバランスがとれていたのです。

　でも、ヨーロッパ人のアメリカ大陸《たいりく》への移住《いじゅう》は、このバイソンとインディアンとのつりあいのとれた〝自然《しぜん》のバランス〟をこわしたのです。一七三〇〜一八三〇年までの約《やく》百年間にミシシッピ川よりも東にいたバイソンがすべて消滅《しょうめつ》しました。そして一八三〇〜一八七四年には幌馬車隊《ほろばしゃたい》で西へ出かけていって、バイソンを撃《う》ちまくりました。開拓《かいたく》に際《さい》し、大陸《たいりく》を東西に横断《おうだん》する鉄道《てつどう》が敷設《ふせつ》されましたが、このときの労働者《ろうどうしゃ》の食用はバイソンの肉でした。肉以外《いがい》の皮《かわ》や骨《ほね》などは、そこまでのびてきていた鉄道《てつどう》で東部《とうぶ》へ運《はこ》ばれました。たとえば、一八四八年には十一万枚《まい》の毛皮《けがわ》と、二万五〇〇〇枚《まい》の舌《した》が運《はこ》ばれた記録《きろく》が残《のこ》っています。一八五〇年にレッド・リバーでおこなわれたバッファロー狩《が》りでは、八〇〇〜一〇〇〇台の幌馬車《ほろばしゃ》がくり出し、女性《じょせい》や子どもまで一〇〇〇人以上《いじょう》が参加《さんか》し、一日に一人《ひとり》で二五〇頭《とう》のバイソンを射殺《しゃさつ》したハンターもめずらしくなかったというのですから驚《おどろ》きです。

　こうしてバイソンは急激《きゅうげき》に少なくなり、わずか一〇〇〇頭《とう》ほどしかいなくなってしまったのです。一八九四年に、西部《せいぶ》の生き残《のこ》りのバイソンが二〇頭《とう》とわかってから、イエローストーン国立公園内《こくりつこうえんない》でバイソン狩《が》りを禁止《きんし》する法案《ほうあん》ができたのです。今では二〇万頭《とう》以上《いじょう》にまで増《ふ》え、アメリカ各地《かくち》の保護区《ほごく》へ送《おく》られ、別々《べつべつ》に保護《ほご》されるようになりました。もしも悪《わる》い病気《びょうき》がはやったとしても、遠く離《はな》れた保護区《ほごく》のものにはうつらないので、絶滅《ぜつめつ》はまぬがれるからです。

保護区《ほごく》で生活するアメリカバイソン。食物《しょくもつ》の消化《しょうか》を助《たす》ける鉱塩《こうえん》をなめにやってくる。

カスター州立公園《しゅうりつこうえん》もその一つです。ゴルフ場の二〇倍《ばい》もあるような広い草原に、バイソンが四〇〇頭《とう》ほど、のんびりと歩き回っていました。「バイソン牧場《ぼくじょう》」といった感《かん》じです。バイソンは群《む》れで草を食べながら移動《いどう》していきますが、そのおかげでヤブのような森にならないのだそうです。バイソンは自分で自分たちのすむ場所を作っているのです。バイソンをながめながら、自然《しぜん》のうまい仕組《しく》みに感動《かんどう》したものです。

公園の外と中のプレーリードッグ

アメリカ西部《せいぶ》に近づくにつれて山が多くなり、国立公園《こくりつこうえん》が増《ふ》えてきます。カスター州立公園《しゅうりつこうえん》の次《つぎ》の予定《よてい》はウィンド・ケーブ国立公園《こくりつこうえん》です。もう少しで国立公園《こくりつこうえん》のゲートだ、と窓《まど》から外をながめていたとき、小さな動物《どうぶつ》を発見《はっけん》しました。草原の中に野球《やきゅう》場《じょう》のピッチャーズ・マウンドのような土のもり上がりがあり、そこにちょこんとリスが立っています。よく見るとそれがプレーリードッグだったのです。

ペット・ショップで見るのとはちがって、スラッと細くて、とても動《うご》きが機敏《きびん》です。大急《おおいそ》ぎで車を降《お》り、カメラを持《も》って近づいていきました。十メートルほどのところでカメラを構《かま》え、

「おー！　かわいいじゃないか」なんてつぶやきながらファインダーをのぞいたとたん、「キャン！」と甲高《かんだか》い声で鳴《な》き、姿《すがた》が見えなくなりました。安全《あんぜん》な巣穴《すあな》にもぐったのです。

「そうそう、これが子イヌの鳴《な》き声に似《に》ているからプレーリー・ドッグ（草原のイヌ）なんていう名前がついたんだよね～」と思ったのですが、意外《いがい》と警戒《けいかい》しています。姿《すがた》を消《け》したところへ行き、穴《あな》をのぞいても、いるはずもありません。すると後《うし》ろの方から「キャン」と声がするではありませんか。ふりむいたとたん、ピュッと姿《すがた》を消《け》します。

「フーム、これじゃいつになっても写真《しゃしん》は撮《と》れないな」とがっかりしました。まだ先が長いのですから、そこでずっとプレーリードッグを見ているわけにはいきません。くやしいけど仕方《しかた》なく車に乗《の》りこみました。プレーリードッグは「キャン！　あやしいやつは行ってしまった

国立公園《こくりつこうえん》の外にいたプレーリードッグ。警戒《けいかい》している様子《ようす》。

よ」と鳴《な》いて、安全《あんぜん》を宣言《せんげん》していました。ふり返《かえ》ると、たくさんのプレーリードッグがボクたちを見送《みおく》っていました。

ちょっとがっかりしながら、国立公園《こくりつこうえん》のゲートを通りました。そこでまたプレーリードッグを見つけました。ゲートを入って何百メートルも走っていませんから、公園の外と変《か》わらないようなところです。またくやしい思いをするのかな、と思いながらも、車を降《お》りました。ゆっくり、静《しず》かに、プレーリードッグに近づいていきました。近づきながら、「大きく写《うつ》らなくてもいいから姿《すがた》だけでも撮《と》っておこう」と、遠《とお》くから何枚《なんまい》も写《うつ》しました。ところがです、どんどん近づいても逃《に》げないのです。ついに二メートルくらいまで近づいてしまい、望遠《ぼうえん》レンズだと近すぎて、役《やく》に立たなくなったのです。

同じ種類《しゅるい》のプレーリードッグでも国立公園《こくりつこうえん》の外と内とでは大違《おおちが》い。保護《ほご》されている地域《ちいき》ではまったく逃《に》げず、安心《あんしん》しきっているのです。ボクたちが車を止めているのを見て、ほかの旅行者《りょこうしゃ》も車を降《お》りてやってきました。たくさんの人が来ても、プレーリードッグはのんきに草を食べています。

でも、考《かんが》えてみれば、人間を警戒《けいかい》しているプレーリードッグのところに行ったおかげで「キャン」という子イヌのような鳴《な》き声を聞くことができたのですから、くやしかったけど、まったくむだではなかったのだ、と自分に言い聞かせました。

家族《かぞく》を守《まも》るお父《とう》さんマーモット

プレーリードッグのおかげですっかり予定《よてい》が遅《おく》れてしまいましたが、どうにか次《つぎ》の予定地《よていち》のロッキーマウンテン国立公園《こくりつこうえん》に到着《とうちゃく》しました。でも着《つ》いたのは昼過《ひるす》ぎで、公園内のキャンプ場が満員《まんいん》。そこで、ひと晩《ばん》だけ、国立公園外《こくりつこうえんがい》のキャンプ場で過《す》ごすことになりました。

園内を車で見て回るのは自由《じゆう》ですから、翌日《よくじつ》は朝早くから園内に入りました。「ロッキーマウンテン」というだけあって、園内は山岳地帯《さんがくちたい》、道路《どうろ》は急《きゅう》な山道です。グングンと高度《こうど》が上がります。と、そのとき一台の車が止まっており、その近くになにやら小さな動物《どうぶつ》がいました。車に乗《の》っている人が、窓《まど》からパンの切れはしのようなものをあげています。

「なんだろう……あの動物《どうぶつ》は」と、双眼鏡《そうがんきょう》で見ると、プレーリードッグと同じ、地上で暮《く》らすリスの仲間《なかま》のマーモットだということがわかりました。「よし！　初《はじ》めて見る動物《どうぶつ》だぞ」と思い、カメラを準備《じゅんび》したとたん、マーモットの姿《すがた》が消《き》えました。「またプレーリードッグのときの二の舞《まい》かな」と思いましたが、しばらくそこで待《ま》つことにしました。

あたりの景色《けしき》は雄大《ゆうだい》です。遠くには雪が残《のこ》っています。双眼鏡《そうがんきょう》でながめていると、はるか下の方の岩の上にマーモットが日光浴《にっこうよく》をしているのが見えました。「あそこにいるぞ」と、岩場を下りていきました。一頭《とう》のオスと、メスと子どもの家族《かぞく》でした。オスはひなたぼっこ、子どもたちは岩の間の草を食べています。きっと朝食《ちょうしょく》なのでしょう。

ところがマーモットを観察《かんさつ》していると、「ピーッ」とオスがひと鳴《な》きし、そのとたん、家族《かぞく》全員《ぜんいん》が岩の間に飛《と》びこんでしまったのです。「またか！」と思ったのですが、今度《こんど》はボクが原《げん》因《いん》ではありませんでした。一羽《わ》のワシでした。大きな翼《つばさ》を広げたワシが、音もなく頭の上にやってきていたのです。日の光を浴《あ》びてのんびり眠《ねむ》っているのかと思ったら、オスはちゃんと警《けい》戒《かい》して、家族《かぞく》のことを守《まも》っていたのです。ワシがいなくなって三分ほどたつと、また家族全員《かぞくぜんいん》が出てきて、食事《しょくじ》が始《はじ》まりました。

写真《しゃしん》を撮《と》り終《お》えてふっと見ると、ずいぶん下りてきていたことに気づきました。車は高さにして一〇〇〇メートル以上《いじょう》も上にあります。よっこら、よっこら岩を登《のぼ》りはじめてまもなく、疲《つか》れてしまいました。「変《へん》だな。頭も痛《いた》いし……。風邪《かぜ》でもひいたのかな」と、休み休み登《のぼ》っていきました。なにしろ息切《いきぎ》れがして、すぐに疲《つか》れてしまうのです。岩にしがみつき、やっとのことで車に着《つ》いたのですが、ノートに記録《きろく》をつけていてわかりました。地図を見たら、なんとそこは標高《ひょうこう》が三〇〇〇メートル以上《いじょう》もあったのです。軽《かる》い高山病《こうざんびょう》にかかっていたので、息《いき》が苦《くる》しかったわけです。どうりで真夏《まなつ》なのに雪が残《のこ》っているわけです。あんまりマーモットなど〝獲物《えもの》〟に夢中《むちゅう》になってはいけないな、と深《ふか》く反省《はんせい》したしだいです。

キバラマーモットの父と子ども。お父《とう》さんはいつも警戒《けいかい》して、あたりに気を配《くば》っている。

ピーナッツをもらうキンイロジリス

ロッキーの山を車で登《のぼ》っていくと、広い見晴《みは》らし台のようなところに出ました。そこにはたくさんの車が止まっていて、観光客《かんこうきゃく》がたくさんいました。ビジターセンターでした。ロッキーを訪《おとず》れた人たちが必《かなら》ず立ち寄《よ》り、自然《しぜん》のことを学ぶための施設《しせつ》です。レンジャーが質問《しつもん》に答えたりしていました。

ボクたちは軽《かる》い高山病《こうざんびょう》だったので、景色《けしき》をながめながら、がけの上でひと休みしました。「いい景色《けしき》だけど、酸素《さんそ》がたらないよね～」などと言いながら、ふっと見ると、何か小さな動《どう》物《ぶつ》が足もとの岩の下に隠《かく》れました。

岩を下りていこうとしたとき、その動物《どうぶつ》がチョロチョロッと岩の下からまた出てきたのです。北海道《ほっかいどう》にいるシマリスのようでしたが、少し違《ちが》いました。キンイロジリスという種類《しゅるい》です。

それにしてもずいぶん人なれしているリスだ……と思いながら、あとをついていきました。岩角《いわかど》をまわってビックリ！　そこにはたくさんのリスと、たくさんの観光客《かんこうきゃく》がいたのです。

キンイロジリス、背中《せなか》のシマが少なくて太い。

観光客《かんこうきゃく》の中には、リスにえさをやっている人もいます。国立公園《こくりつこうえん》には、野生動物《やせいどうぶつ》に食《た》べ物《もの》を与《あた》えることは絶対《ぜったい》にいけないというところと、ロッキーマウンテンのように少しくらいなら触《ふ》れ合いも大切だと大目に見るところがあるようです。ニホンザルのように食《た》べ物《もの》をもらいつづけていると、人間を襲《おそ》ってまで食《た》べ物《もの》を手に入れようとする動物《どうぶつ》もいますが、おそらく小さなリスだから……ということなのでしょう。

キンイロジリスはピーナッツをもらうと、口にためこみ、自分の巣穴《すあな》まで走っていきます。たぶん岩の下に巣《す》と貯蔵庫《ちょぞうこ》があるのでしょう。しばらくするとそこから走り出て、また食《た》べ物《もの》をもらいにいくのです。きっと岩の下には何十キログラムもピーナッツが貯蔵《ちょぞう》されているにちがいありません。ピーナッツを食べながら冬眠《とうみん》するのかもしれません。

人間が食《た》べ物《もの》を与《あた》えても、まったく無視《むし》する動物《どうぶつ》もいます。ここではナキウサギがそうでした。ナキウサギはまったく人間になれず、人間が近づくとすぐに岩の下に隠《かく》れてしまいます。ナキウサギの食《た》べ物《もの》は高山植物《こうざんしょくぶつ》の花や茎《くき》、葉などですから、人間がくれるものは口に合わないのです。しかも彼《かれ》らは冬に備《そな》えて枯《か》れ草づくりの真《ま》っ最中《さいちゅう》でしたから、ピーナッツなんかもらっても、役《やく》に立たないことを知っているようです。ナキウサギはシマリスの仲間《なかま》とちがって、冬でも冬眠《とうみん》しません。夏から秋に作った干《ほ》し草を食べながら、雪の下で冬も生活するのです。動物《どうぶつ》によって人間になれたりなれなかったり、とてもおもしろい習性《しゅうせい》です。

そこにレンジャーがやってきました。観光客《かんこうきゃく》に向《む》かって「ピーナッツはリス一匹《ぴき》に一個《こ》だけですよ……」と言うのですが、みんな同じシマ模様《もよう》ですから、だれにも同じ個体《こたい》かどうかはわかるはずもありません。

ビジターセンターに行ってみると、ちゃんと書いてありました。「ピーナッツだけでは動物《どうぶつ》は冬眠《とうみん》できません。食《た》べ物《もの》は与《あた》えないように！」と。人々《ひとびと》の気《き》持《も》ちに任《まか》せる、というのが本当のところなのでしょう。

「ビーバー・ウォーク」出発前《しゅっぱつまえ》にレンジャーの説明《せつめい》を受《う》ける。
レンジャーはビーバーがかじった木を見せてくれた。

ビーバー・ウォーク

夕方、ロッキーマウンテン国立公園《こくりつこうえん》の管理事《かんりじ》務所前《むしょまえ》に二〇名ほどの人が集《あつ》まりました。掲示板《けいじばん》に案内《あんない》が書いてあった「ビーバー・ウォーク」への参加者《さんかしゃ》たちです。もちろんボクたちも参加《さんか》します。みんな期待《きたい》に胸《むね》を弾《はず》ませ、今か今かと待《ま》ちました。

午後五時、集合時間《しゅうごうじかん》になると事務所《じむしょ》の扉《とびら》が開《あ》いて、レンジャーが現《あらわ》れました。レンジャーは集《あつ》まった人たちの顔《かお》をサラッと見渡《みわた》すと、まずは解説《かいせつ》を始《はじ》めました。別《べつ》に人数を数えるわけでもありません。ビーバーの習性《しゅうせい》についての解説《かいせつ》ですが、いちばん細かく話してくれたのは「ビーバーの木のかじり方」。ビーバーの頭骨《とうこつ》を出して「この鋭《するど》い前歯《まえば》で木をかじります」とか、かじり倒《たお》された木の破片《はへん》を示《しめ》しながら、「このくらいの木なら五分でかじり倒《たお》します」とていねいに教えてくれます。話を聞きながら、いよいよ興奮《こうふん》してきて「早くビーバーを見たい！」と思いました。

解説《かいせつ》が終《お》わると、今度《こんど》は注意《ちゅうい》です。

「これからみんなで森の奥《おく》へ歩いていきますが、私《わたし》が『ここから静《しず》かに』と言ったら、絶対《ぜったい》に話し声を立ててはいけません。それから、そこの日本のお客《きゃく》さん。ビーバーと記念写真《きねんしゃしん》を撮《と》りたいのでしょうが、フラッシュは残念《ざんねん》ながらダメですよ。一瞬《いっしゅん》で逃《に》げてしまいますからね」

そうです。ここは国立公園《こくりつこうえん》。動物園《どうぶつえん》ではないのです。

「では出かけましょう」というレンジャーの声で、みんなウキウキしながら出発《しゅっぱつ》しました。子どもから若《わか》いカップル、おじいさん、おばあさんまでそれぞれ適当《てきとう》に歩きはじめました。最《さい》初《しょ》のうちは楽しそうなおしゃべりが聞《き》こえてましたが、これが意外《いがい》に急《きゅう》な山道で、暗《くら》くて遠いのです。レンジャーが「ここからは静《しず》かに」と言ったときには、もうだれも話はしていませんでした。ビーバー・ポンド（ビーバーが小川を材木《ざいもく》でせき止めて作った池）に近づくころにはもう息《いき》が切れて、フラフラ。池のわきに並《なら》べられていた岩に無言《むごん》で座《すわ》りこみました。

待《ま》つこと三〇分。あたりがだんだん暗《くら》くなり、もう水面《すいめん》が少し光って見えるだけとなりました。みんな息《いき》を殺《ころ》して池を見つめています。すると水面《すいめん》にひと筋《すじ》の波《なみ》が見え、その先っちょに黒い生《い》き物《もの》が泳《およ》いでいるではありませんか。ビーバーだ！　みんな叫《さけ》びたかったにちがいありません。遠くにまたひと筋《すじ》。音も立てずに泳《およ》いでいます。静《しず》かに二〇分ほどもたっぷり観察《かんさつ》を楽しみました。

そのときです。「ハックション！」とおばあさんがクシャミをしました。汗《あせ》をかいて上がってきたので冷《ひ》えたのでしょう。みんなドッと笑《わら》いました。クシャミの瞬間《しゅんかん》、ビーバーはシッポで水面《すいめん》を「パーン！」と打《う》って潜水《せんすい》しました。三頭《とう》いたのが、一瞬《いっしゅん》でいなくなりました。このシッポの音は〝警戒音《けいかいおん》〟といって、「あやしいやつがいるぞ！　みんな気をつけろ」という合図なのです。

おばあさんは小さくなっていましたが、みんな喜《よろこ》んでいました。おかげで貴重《きちょう》なビーバーの行動《こうどう》が観察《かんさつ》できたからです。

名物《めいぶつ》グマのショー

ロッキー・マウンテン国立公園《こくりつこうえん》を出発《しゅっぱつ》すると、あとは北へ北へと走ればイエローストーンです。コロラド州《しゅう》からワイオミング州《しゅう》へ入り、ララミーなんていう町も過《す》ぎました。子どものころ、テレビで大人気《だいにんき》だった「ララミー牧場《ぼくじょう》」という西部劇《せいぶげき》の舞台《ぶたい》です。荒野《こうや》をぬけて深《ふか》い森林の中を走ると、やがてイエローストーン国立公園《こくりつこうえん》のゲートに着《つ》きました。ここではパスポートが必要《ひつよう》でした。外国でもないのに、なぜ？　と一瞬《いっしゅん》、不思議《ふしぎ》な気がしたのですが、すぐにわかりました。ふつうなら公園を維持《いじ》するための入園料《にゅうえんりょう》が必要《ひつよう》なのですが、外国人は〝お客様《きゃくさま》〟ということで無料《むりょう》だったのです。

さて、いよいよ当時有名《ゆうめい》だった〝沿道《えんどう》に並《なら》ぶクマ〟に出会えます。野生《やせい》のクマが十頭《とう》ほど、車道のわきに座《すわ》って、観光客《かんこうきゃく》から食《た》べ物《もの》をもらおうと愛嬌《あいきょう》をふりまく、というのです。前の車も後《うし》ろの車もゆっくりと走ります。アメリカ人はテディベアで知られるようにクマ好《ず》きです。ここを走っている車はみんなクマを見物《けんぶつ》しようと、アメリカ中から集《あつ》まってきたのかもしれま

アメリカクロクマ。道路《どうろ》わきの草むらでこっそり観光客《かんこうきゃく》をながめていた。

せん。

しばらくすると車が止まりました。渋滞《じゅうたい》です。ずっと前の方でだれかがクマと記念写《きねんしゃ》真《しん》を撮《と》るために止まったのです。静《しず》かな国立《こくりつ》公園《こうえん》で渋滞《じゅうたい》とは……。やがてまた車が走り出しましたが、今度《こんど》は順調《じゅんちょう》と思ったら、ふつうのスピードになり、そのまま管理事務所《かんりじむしょ》やキャンプ場のある中心まで一気に走ってしまいました。

「クマ、いなかったね」と、運転《うんてん》していた佐々木《ささき》君《くん》と話しました。「おかしいな〜。期《き》待《たい》していたのにね」と、少し残念《ざんねん》でした。

あとでわかったのですが、道にクマが現《あらわ》れるとすぐにレンジャーがやってきて、捕獲《ほかく》するか追《お》い払《はら》うか、するのだそうです。そういえばボクたちも渋滞《じゅうたい》に巻《ま》きこまれましたが、そのときに一頭《とう》のクマが現《あらわ》れたのでした。野生《やせい》グマがイエローストーン名物《めいぶつ》だったころにはたくさんの観光客《かんこうきゃく》が来て、クマのおかげで車は渋滞《じゅうたい》するし、排気《はいき》ガスで森が汚《よご》れるし、観光客《かんこうきゃく》は並《なら》んで写真《しゃしん》を撮《と》ろうとするからけが人続出《にんぞくしゅつ》、ときには死人《しにん》も出たそうです。クマにとっても、夏中ビスケットを食べつづけるから秋になっても太らず、冬眠《とうみん》できずに死《し》んでしまう……など、いいことは何もないということがわかり、〝名物《めいぶつ》グマのショー〟は禁止《きんし》されたのです。

人間がおいしいものを持《も》っていることを覚《おぼ》えたクマは、キャンプ場にも現《あらわ》れ、大暴《おおあば》れしていきます。冷蔵庫《れいぞうこ》やクーラーボックスを開《あ》け、ごちそうを平《たい》らげていくのです。テントや車も壊《こわ》れます。人を襲《おそ》うクマも現《あらわ》れました。

そこで、人前に現《あらわ》れたクマはワナで捕獲《ほかく》し、ヘリコプターで三〇〇キロメートルも離《はな》れた山《やま》奥《おく》に運《はこ》び、放《はな》すのです。ところが一度《ど》人の食《た》べ物《もの》になれたクマは、その距離《きょり》を歩いてじきに戻《もど》ってくるのです。三度《ど》まではヘリコプターで運《はこ》びますが、四度目《どめ》はもう動物園送《どうぶつえんおく》りとなります。

今、日本でえづけされたサルが問題《もんだい》になっていますが、今から三〇年ほども前に、野生動物《やせいどうぶつ》にえづけをしてはいけない……という決《き》まりがアメリカではできていたのです。

イエローストーンの案内人《あんないにん》

イエローストーン国立公園《こくりつこうえん》の中心、管理事務所《かんりじむしょ》へ行きました。毎日新聞社《まいにちしんぶんしゃ》の社会部《しゃかいぶ》にいた岩《いわ》間《ま》さんという人から公園長のジャック・アンダーソン氏《し》あての手紙を預《あず》かっていたからです。富士山《ふじさん》の調査《ちょうさ》のときからの知り合いで、紹介状《しょうかいじょう》を書いてくれたのです。イエローストーンのボスは、全米国立公園協会《ぜんべいこくりつこうえんきょうかい》のボスでもありました。いってみれば〝大統領《だいとうりょう》〟のような人でしたが、紹介状《しょうかいじょう》のおかげでボクたちが楽しめるように、いろいろな手配《てはい》をしてくれました。その一つが、レンジャーのリップローガレさんを紹介《しょうかい》してくれ、国立公園《こくりつこうえん》の中を案内《あんない》してくれることになったのです。

イエローストーンは四国《しこく》の半分くらいの面積《めんせき》があります。公園内は一つの国のようなもので、レンジャーがすべてのことをあつかいます。公園内で自動車事故《じどうしゃじこ》があれば、警察官《けいさつかん》のレンジャーが処理《しょり》します。動物《どうぶつ》がいると解説《かいせつ》してくれるのもレンジャーです。動物《どうぶつ》や植物《しょくぶつ》の研究《けんきゅう》だけしているレンジャーもいます。でも、みんな同じ服装《ふくそう》なので、見た目にはわかりません。

イエローストーンには見るべきものがたくさんあります。野生動物《やせいどうぶつ》はもちろん、温泉《おんせん》や間欠泉《かんけつせん》、深《ふか》い針葉樹林《しんようじゅりん》など、手つかずの自然《しぜん》がいっぱいです。リップローガレさんはすべて案内《あんない》してくれました。運転技術《うんてんぎじゅつ》はたいしたもので、こちらを向《む》いておしゃべりをしながら運転《うんてん》するのですから、ハラハラします。きっとすべての道を知っているのでしょう。夢中《むちゅう》で話をしているかと思うと、とつぜん静《しず》かに止まり、「ほら!」と指《ゆび》さします。「えっ?」と、そちらを向《む》くと北アメリカにしかいないめずらしいプロングホーンがいたりするのです。

いちばん興味深《きょうみぶか》かったのは無線《むせん》の中継基地《ちゅうけいきち》でした。ふつうの観光客《かんこうきゃく》は立ち入り禁止《きんし》の山道を行きます。グングン登《のぼ》っていくと、やがてウォッシュバーンという高い山の頂《いただき》に出ました。そこにレーダードームのような建物《たてもの》がありました。高いアンテナが立ち、ここに公園内をパトロールしているレンジャーから無線連絡《むせんれんらく》が入り、管理事務所《かんりじむしょ》の指示《しじ》を伝《つた》えるのです。

ボクは日本のことを思い出しました。富士《ふじ》・箱根国立公園《はこねこくりつこうえん》で調査《ちょうさ》をしていましたが、同じ国立公園《りっこうえん》でも〝月とスッポン〟のちがいがあります。わが富士山《ふじさん》ではレンジャーはたったの一人《ひとり》。国立公園《こくりつこうえん》にもかかわらず動物《どうぶつ》はまるで見かけないし、大型《おおがた》トラックでやってきて大きな木を大《たい》量《りょう》に切って盗《ぬす》んでいく〝盗人《ぬすっと》〟や、ツキノワグマを追《お》い回してしとめる密猟者《みつりょうしゃ》が横行《おうこう》するところだからです(もっともこの状況《じょうきょう》は三〇年たった今でもまったく変《か》わっていませんが

無線中継基地《むせんちゅうけいきち》。さすがアメリカ！　という感《かん》があった。
中央《ちゅうおう》のハンサムがリップローガレさん。

……）。とてもさびしい気持《きも》ちになったものです。
リップローガレさんはこのとき六九歳《さい》。すでにレンジャーを定年《ていねん》で辞《や》めていたのですが、夏だけ手伝《てつだ》いにきているのです。自宅《じたく》はロッキー・マウンテン国立公園《こくりつこうえん》のずっと南、アリゾナ州《しゅう》のフェニックスに住《す》んでいるのだそうです。国立公園《こくりつこうえん》を訪《おとず》れる人々《ひとびと》にイエローストーンのすばらしさを案内《あんない》するのが楽しみだとか。とてもすてきな人生だと思いました。

動物《どうぶつ》たちの国

国立公園《こくりつこうえん》のキャンプ生活は快適《かいてき》です。ほとんど水に近い温度《おんど》ですがシャワーもあるし、トイレもきれいだし、国立公園協会《こくりつこうえんきょうかい》がやっているマーケットもガソリンスタンドもあるし。もちろん豪華《ごうか》なロッジもありますから、たまには奮発《ふんぱつ》して豪華《ごうか》な（?）夕食も食べられます。

ボクたちは朝から動物探《どうぶつさが》しに出かけます。湖《みずうみ》のように広い川に沿《そ》って車でゆっくりと走りながら、あたりに目を配《くば》り、止まっている車に注意《ちゅうい》します。車が止まっているということは、たいてい何かを見ているわけですから、動物《どうぶつ》がいる可能性《かのうせい》があるのです。

車が止まっているので注意《ちゅうい》して見ると、川の向《む》こう側《がわ》にクマがいるのがわかりました。さっそくカメラを持《も》って川のほとりまで歩いていき、双眼鏡《そうがんきょう》でながめるとハイイログマです。『シートン動物記《どうぶつき》』で知られるシートンがイエローストーンを舞台《ぶたい》に書いた『ハイイログマの伝《でん》記《き》』の話に出てくる巨大《きょだい》なクマです。なにやら草の根《ね》っこをかじっているようでしたが、じきにヤブの中に消《き》えてしまいました。

クルッとU《ユー》ターンして車に戻《もど》ろうとしたとき、はるか遠くの川の土手《どて》の上にたくさんの人がいるのに気づきました。「まさか遠足の子どもたちじゃないだろうな。何かいるにちがいない」と思いながら双眼鏡《そうがんきょう》をのぞくと、たくさんの大人《おとな》たちです。その視線《しせん》の先を見ると、なんと川の中にシカがいるではありませんか。それも巨大《きょだい》なヘラジカが。

ヘラジカというのは角《つの》の先が「ヘラ」のように平《ひら》たいので名づけられましたが、英語《えいご》で〝ム

ース〟ともいう世界最大《せかいさいだい》のシカです。肩《かた》までの高さが二・三五メートル、体重《たいじゅう》は八二五キログラムの記録《きろく》があります。角《つの》のはしからはしまで一・九五メートルにもなった例《れい》があり、二本で重《おも》さ三〇キログラムにもおよぶといいます。〝ムース〟というのはアメリカ先住民《せんじゅうみん》の呼《よ》び名で、〝木を食《く》う者《もの》〟という意味《いみ》なのです。ですから水の中にいるなんて、ちょっと不思議《ふしぎ》な気がしたのです。

大急《おおいそ》ぎでヘラジカが見える場所《ばしょ》まで移動《いどう》しました。メスと子ども、それに立派《りっぱ》な角《つの》をもったオスもいました。三頭《とう》もいっしょにいるのが見られるなんて幸運《こううん》です。あとで本を読んで知ったのですが、ヘラジカは泳《およ》ぐのがうまく、湿地《しっち》で水草を食べるのが大好《だいす》きなのだそうです。たしかに木の皮《かわ》を食べているところも見ましたが、どう考えても木の皮《かわ》よりやわらかなサラダのような水草のほうがおいしそうです。ボクがヘラジカだったら、やっぱり水草を食べます。

ヘラジカの様子《ようす》を見ていて気づいたのですが、目の前の川はとても浅《あさ》いのです。だとすると、先ほどのハイイログマだって平気《へいき》で川を走って渡《わた》れるのです。もしも写真《しゃしん》に撮《と》られるのが嫌《きら》いだったら、クマは怒《おこ》る……、考えただけでゾッとしました。車に飛《と》びこむ前にハイイログマに追《お》いつかれます。

でもヘラジカの様子《ようす》からすれば、人の姿《すがた》なんか目に入っていません。国立公園《こくりつこうえん》は動物《どうぶつ》たちの国なのです。ボクたち人間が〝お邪魔《じゃま》〟しているということなのでしょう。だということはハイイログマだって追《お》いかけてなんかこないでしょう。よほど悪《わる》いことでもしないかぎり。

自然《しぜん》のままに保存《ほぞん》される国立公園《こくりつこうえん》

イエローストーン国立公園《こくりつこうえん》は四国《しこく》の半分くらいもあるのですから、何日いても見るものがたくさんあって、きりがありません。毎日あっちへ行ったり、こっちへ行ったり。

イエローストーンはもう秋の初《はじ》め。標高《ひょうこう》が高いのでとても涼《すず》しく、ワピチという大きなシカに出会ったときも、角《つの》は見事《みごと》に完成《かんせい》しており、メスをめぐってのオス同士《どうし》の戦《たたか》いの準備《じゅんび》が完《かん》了《りょう》していました。シカの角《つの》は春先に根《ね》もとから枯《か》れ葉《は》が散《ち》るときのように、ポロリと落《お》ちます。するとすぐに新しい角《つの》がのびはじめ、秋の初《はじ》めまでに完成《かんせい》するのです。

ワピチはその角《つの》を突《つ》き合わせて力比《ちからくら》べをし、強いほうがメスの群《む》れを従《したが》えるのです。戦《たたか》いに負《ま》けたオスは、その年はひっそりと暮《く》らします。それは、春に生まれてくる子ジカが、強いオスの遺伝子《いでんし》をもっているということになりますから、ワピチというシカ全体《ぜんたい》を考えると、そのほうが健康《けんこう》でよい結果《けっか》になるわけです。

イエローストーンには、三七～九三分おきに、約《やく》四分間、高さ五〇メートルも噴《ふ》き上がる間欠泉《かんけつせん》や温泉《おんせん》もありました。温泉《おんせん》といっても人間は入れません。白煙《はくえん》がモウモウと上がっています。そしてお湯《ゆ》がとうとうと流《なが》れています。

きっと『動物記《どうぶつき》』を書いたシートンもこれをながめたにちがいありません。ハイイログマのワーブという主人公《しゅじんこう》が傷《きず》を治《なお》すのに温泉《おんせん》につかったり、最後《さいご》を迎《むか》える場面《ばめん》も温泉《おんせん》です。流《なが》れているお湯《ゆ》を見ていると、クマが温泉《おんせん》につかっているシーンが想像《そうぞう》されます。

そんなすてきな気分でいても、フッと思うことがあります。これが日本だったら……ということです。日本だったらもう温泉旅館《おんせんりょかん》が建《た》ちならんでいるにちがいありません。旅館《りょかん》にしないまでも、流《なが》れてしまうお湯《ゆ》がもったいないからロッジでのおふろやシャワーに使《つか》おうとするかもしれません。

でもイエローストーンは、温泉《おんせん》も自然《しぜん》の一部《ぶ》として保存《ほぞん》しているのです。熱《あつ》い温泉《おんせん》のお湯《ゆ》の中にも小さなバクテリアがすんでいたりします。冬になると雪が深《ふか》く積《つ》もりますが、温泉《おんせん》の周《まわ》りだけはあまり雪も積《つ》もらないから、ワピチやバイソンなどの草食動物《そうしょくどうぶつ》も食《た》べ物《もの》を探《さが》せます。

今から百三十年以上《いじょう》も前の一八七二年に世界最初《せかいさいしょ》の国立公園《こくりつこうえん》として誕生《たんじょう》した広大なイエロ

白煙《はくえん》を上げる温泉《おんせん》。人間が入るのは禁止《きんし》されている。

ーストーンには、今はハイイロオオカミが放《はな》たれています。この公園が生まれる前はアメリカも開《かい》拓時代《たくじだい》であり、たくさんの野生動物《やせいどうぶつ》を殺《ころ》して各地《かくち》で絶滅《ぜつめつ》させてしまい、オオカミもイエローストーンから姿《すがた》を消《け》しました。

オオカミは自然《しぜん》の中ではシカを食べます。でも、オオカミがいないとシカが増《ふ》えすぎて森を壊《こわ》してしまうので、イエローストーンを自然《しぜん》のままに残《のこ》そうとするならば、どうしてもオオカミがいなくてはならないとわかったのです。公園の周《まわ》りにある牧場《ぼくじょう》の人たちは、「ウシが襲《おそ》われて危険《きけん》だ」と猛反対《もうはんたい》をしましたが、公園から出たオオカミは撃《う》ち殺《ころ》してもよいという条件《じょうけん》で、放《はな》たれたのです。

北アメリカの西部《せいぶ》の自然《しぜん》は、これからもずっとイエローストーン国立公園《こくりつこうえん》に残《のこ》されることになったのです。そんなすばらしい国立公園《こくりつこうえん》を回ることができて、とても勉強《べんきょう》になったと、今でも感《かん》じています。

子連《こづ》れのクマにご用心

その日は、朝からテントのわきで花の写真《しゃしん》を撮《と》っていました。小さな花にミツバチがやってきたのを、しゃがみこんでパシャッ、パシャッと。相棒《あいぼう》の佐々木《ささき》君《くん》はまだイビキをかいて眠《ねむ》っています。

ファインダーをのぞいていたとき、なにやら大きな動物《どうぶつ》がボクのすぐわきをかすめるように通りすぎていきました。森の中にはときどきシカがいますから、別《べつ》に気にもしませんでした。それよりも、ミツバチがもうじき花の花粉《かふん》を集《あつ》めて飛《と》び立つところを撮《と》るほうが大事《だいじ》だったのです。

すると大きな動物《どうぶつ》のあとを今度《こんど》は小さな影《かげ》が走っていったのです。それも二つ。さすがに「なんだ?」とファインダーから目を離《はな》してビックリ。子連《こづ》れのハイイログマがノッシ、ノッ

ボクのわきを通りぬけていったハイイログマ一家。

シと歩いていくではありませんか。母グマのあとを二匹《ひき》の子グマが一生懸《いっしょうけん》命《めい》に走ってついていきます。大きな倒《とう》木《ぼく》を乗《の》り越《こ》えるところでした。思わずパシャッと写真《しゃしん》を撮《と》りました。すると母グマがジロッとこちらを見たのです。子《こ》連《づ》れのクマは強暴《きょうぼう》だ、という話ですから、ゾクッとしました。

テントに頭を突《つ》っこみ、レンズを交《こう》換《かん》しながら「クマだ！　ハイイログマだ！」と佐々木《ささき》君《くん》に声をかけました。彼《かれ》はゼンマイじかけの人形のように、ピョンと起《お》き上がりました。もうその手にはカメラがあり、すぐさま靴《くつ》をはいています。

ボクはひと足先にクマの行方《ゆくえ》を探《さが》しました。母グマが乗《の》り越《こ》えた倒木《とうぼく》に登《のぼ》ってながめると、どうやらキャンプ地につづく車道を歩いていることがわかりましたから、U《ユー》ターンしてテントのわきを走りぬけながら、「道路《どうろ》の方に行くぞ！」と声をかけました。

道路《どうろ》で親子グマの撮影《さつえい》です。あまり近づくと本当に危険《きけん》ですから、ちょっと離《はな》れて撮《と》っていると、佐々木君《ささきくん》が走ってきて、道路《どうろ》をダダダッーと一気にハイイログマに接近《せっきん》しました。「危《あぶ》ないぞ」と声をかける間《ま》もありません。すると母グマが「ウォーッ」とこっちに向《む》かって走りかけたのです。佐々木君《ささきくん》は急《きゅう》ブレーキ。U《ユー》ターンすると道路《どうろ》わきの高さ二メートルもある草むらに飛《と》びこみました。母グマはそれを見ると、またスタスタと子グマをつれて道路《どうろ》を歩いていきました。

ところが草むらに飛《と》びこんだ佐々木君《ささきくん》は、そのままのスピードで走りつづけています。草がザワザワーッと動《うご》くので彼《かれ》がどこにいるのかわかります。その草のゆれがやがて道路《どうろ》にぶつかり、彼《かれ》が土手《どて》を登《のぼ》って姿《すがた》を現《あらわ》しました。「クマはどこ？」と叫《さけ》んでいます。佐々木君《ささきくん》はハーハーいいながら、「もう死《し》ぬかと思った……」とつぶやきました。

「もう行っちゃったよ。それにしてもビックリしたよね」と言いながら、大笑《おおわら》いしました。それにしても、彼《かれ》の大胆《だいたん》な接近行動《せっきんこうどう》とその逃《に》げっぷりはとても対照的《たいしょうてき》でした。

イエローストーンでは、こんなふうにクマも人も同じところで暮《く》らしているのです。「人間はおいしい食《た》べ物《もの》をもっている」ということさえ教《おし》えなければ、ハイイログマとだっていっしょに生活できるのだとつくづく思ったものです。

山《やま》火《か》事《じ》のあと

ハイイログマが現《あらわ》れた日の夜中、静《しず》かなエンジン音をひびかせてレンジャーの車がキャンプ地を回っていました。たしかにハイイログマが、しかも子《こ》連《づ》れで現《あらわ》れたのですから緊《きん》張《ちょう》しています。あんなに大きなクマに襲《おそ》われたら、ひとたまりもありません。ボクたちは運《うん》がよかったのでしょう。

次《つぎ》の日は移《い》動《どう》です。いよいよイエローストーン国《こく》立《りつ》公《こう》園《えん》を去《さ》る日なのです。管《かん》理《り》事《じ》務《む》所《しょ》にあいさつにいきました。事《じ》務《む》所《しょ》の前にはクマを生《い》け捕《ど》りにするワナが用《よう》意《い》されていました。きっとあのハイイログマの親子をつかまえて、ヘリコプターで山《やま》奥《おく》へ運《はこ》ぶのでしょう。

レンジャーのリップローガレさんが出てきました。「少しだけ近くを走りましょうか」と言ってくれました。そして連《つ》れていってくれたのが原っぱのような開《ひら》けたところでした。「動物《どうぶつ》はいないし……」と不思議《ふしぎ》に思っていると、説明《せつめい》してくれました。

そこは山火事《やまかじ》のあとでした。イエローストーンでは山火事《やまかじ》がよく起《お》こります。落雷《らくらい》とか木がこすれたりして自然《しぜん》に発火《はっか》するのです。でも自然《しぜん》に起《お》こった火災《かさい》は消《け》さないのだそうです。マツの実《み》は火にあぶられると種子《しゅし》が落《お》ち、火事《かじ》が消《き》えたあと、芽《め》を出すのです。アメリカにはダグラスマツの森など山火事《やまかじ》がないと枯《か》れ果《は》ててしまい、そこにすむダグラスリスもいなくなってしまいます。山火事《やまかじ》も自然《しぜん》の一部《ぶ》だというのです。山火事《やまかじ》が収《おさ》まるとしばらくは荒地《あれち》のようですが、やがてマツの木が生《は》えてきて、うっそうたる森になります。人間がとくに木を植《う》えるということもしません。

そのような場所《ばしょ》を保存《ほぞん》していたところへボクたちを連《つ》れてきてくれたのでした。そういえば、ちゃんと解説《かいせつ》している看板《かんばん》があるじゃないですか……。動物《どうぶつ》ばかり探《さが》していてはいけませんね。

最後《さいご》に公園の中心にあるロッジのレストランに行きました。感謝《かんしゃ》の意味《いみ》を込《こ》めてお昼をごちそうすることになったのです。ボクたちが帰《かえ》ると、リップローガレさんも仕事《しごと》が終《お》わるのだそうです。アリゾナまで帰《かえ》るのです。お孫《まご》さんたちが待《ま》っているとか。

「夜、キャンプサイトはうるさくなかったですか。眠《ねむ》れましたか？」とリップローガレさんが

深《ふか》い森であるはずのところが開《ひら》けている。十数年前に山火事《やまかじ》が起《お》こったところ。

聞《き》きます。なんの話だろう……と思っていたら、夜中の見回りをしてくれたのはリップローガレさんだったのです。アメリカ人のキャンパーの多くは、すばらしい大型《おおがた》のキャンピングカーでやってきていますから、これはがんじょうです。トイレもシャワーも冷蔵庫《れいぞうこ》もついています。でも、ボクたちのテントは小さくて、布《ぬの》きれ一枚《まい》ですから、ハイイログマが来たらあっという間《ま》に破《やぶ》られてしまいます。それで心配《しんぱい》してくれたのでした。心から感謝《かんしゃ》しました。とても言葉《ことば》ではいえません。

「今度《こんど》はぜひグランドキャニオン国立公園《こくりつこうえん》へ行くといい。あそこもすばらしいところですよ」と教《おし》えてくれました。

後日、ボクは日本に帰ると早速《さっそく》お礼《れい》の手紙

といっしょに写《うつ》した記念《きねん》の写真《しゃしん》を送《おく》りました。そして日本製《にほんせい》のカメラを送《おく》りました。なんとか感謝《かんしゃ》の気持《きも》ちを表《あらわ》したかったのです。

ジャックラビットを追《お》って

イエローストーン国立公園《こくりつこうえん》をあとにして、ボクたちは一路《いちろ》、最後《さいご》の目的地《もくてきち》であるヨセミテ国《こく》立公園《りつこうえん》へ向《む》かいます。車の距離計《きょりけい》を見ると、もう三〇〇〇キロメートル近く走ったことになります。直線距離《ちょくせんきょり》にすれば二〇〇〇キロメートルくらいなのでしょうが、広い国立公園《こくりつこうえん》の中をうろうろ走り回ったからでしょう。それにしてもアメリカとは広い国です。日本を出発《しゅっぱつ》してからもう一か月近くたちます。

「ねえ、佐々木君《ささきくん》、この分だと、日本に帰るのはいつになるかな～?」

「うーん、まだヨセミテは先だしね。いつになるかなー」と、佐々木君《ささきくん》はのんきです。

車をゆっくりと走らせながら、これからの予定《よてい》を相談《そうだん》します。でも目は外の景色《けしき》を注意《ちゅうい》しながら見ています。そうです。ボクたちの旅《たび》は、ゆっくり走るから時間もかかるのです。

見事《みごと》な脚力《きゃくりょく》を見せてくれたジャックラビット。あまりのすばやさに、撮《と》れた写真《しゃしん》はおしりばかり。

そんなとき、佐々木《ささき》君《くん》が叫《さけ》びました。

「あっ！　ウサギだ！」

車を安全《あんぜん》なところに止めて、さっそく見にいきます。二手《ふたて》に分かれて草原《そうげん》を歩いていくと、突然《とつぜん》、大きなウサギが飛《と》び出しました。

「ジャックラビットだ！」

大きな耳と大きな脚《あし》。世界《せかい》でいちばん足の速《はや》いウサギです。ものの本には時速《じそく》七二キロメートルと書いてあります。

「おーい、ジャックラビットだぞ〜」

と佐々木《ささき》君《くん》に向《む》かって叫《さけ》びました。

この声をウサギも聞いていたのでしょう。猛烈《もうれつ》なスピードで消《き》え去《さ》りました。ウサギというのはある距離《きょり》を走ると茂《しげ》みにもぐりこみます。二人《ふたり》でウサギが消《き》えたあたりに向《む》かって歩きます。ウサギは、大きな耳で二人《ふたり》の人間がはさみうちするように歩いてくるのを聞いています。

「たしかこのへんだったよね～」なんて言いながら、ガサガサと草をかき分けていると、ビョーンとウサギが飛《と》び出します。あわててカメラを構《かま》えても、写《うつ》るのはウサギのおしりばかり。しかも足が速《はや》いから、豆粒《まめつぶ》のようにしか写《うつ》っていないはずです。

三〇分も歩き回っていると、もうクタクタです。

「だめだ、コリャ。あきらめようよ」

「ヨセミテは遠いしね」

ひと休みして、さて車に戻《もど》ろうか……と思ったとき、草の間からジッとわが人間どもを観察《かんさつ》している動物《どうぶつ》がいるではありませんか。

「おっ、コヨーテだ。イヌじゃないぞ」

こんな具合《ぐあい》ですから、いつになっても、ちっとも進《すす》まないのです。

おかげでその日は、砂漠《さばく》のようにカラカラに乾《かわ》いた原野《げんや》の真《ま》ん中《なか》で車中泊《しゃちゅうはく》。「あーあ、風呂《ふろ》に入りたいね～。おいしいものも食べたいね」なんて言っているうちに佐々木君《さききくん》のイビキが聞こえてきました。

ふっと夜空を見ると、満天《まんてん》の星。「きれいだぞ」と声をかけると、「ウーン」と佐々木君《ささきくん》は眠《ねむ》ったままの返事《へんじ》です。〃ウサギ追《お》い〃に次《つ》ぐ〃コヨーテ追《お》い〃がこたえたのでしょう。

人なれしたヨセミテの動物《どうぶつ》たち

車は砂漠《さばく》のような原野《げんや》から急《きゅう》に坂道《さかみち》を登《のぼ》りはじめたかと思うと、うっそうたる森に入りました。それも大木の茂《しげ》る森です。右へ左へクネクネと登《のぼ》っていくと、ついにヨセミテ国立公園《こくりつこうえん》に入りました。目の前に開《ひら》けた景色《けしき》は……まるで〃絵のよう〃です。

この国立公園《こくりつこうえん》はサンフランシスコから近いせいかたくさんの観光客《かんこうきゃく》が訪《おとず》れます。車でちょっと走れば、夢《ゆめ》のような景色《けしき》の国立公園《こくりつこうえん》を訪《おとず》れることができるのですから驚《おどろ》きです。

そこにはもちろん野生動物《やせいどうぶつ》もたくさんいます。アメリカクロクマからアライグマ、そしてリスなどですが、動物《どうぶつ》たちはすっかり人なれしています。人気《ひとけ》のない森の奥《おく》でお弁当《べんとう》を食べていると、ジリスがやってきました。そのジリス、けっこうずうずうしくて、大げさにいうなら、

カリフォルニアジリスはかわいらしいが、油断《ゆだん》はできない。

ひざに乗《の》ってきてお弁当《べんとう》をいっしょに食べようとするくらいなのです。

ここのリスはカリフォルニアジリスという種類《しゅるい》で、大きくて力がありそうです。お弁当《べんとう》を食べながら、「このジリスはどこに巣《す》があるんだろう……」と考《かんが》えていました。

ちょっと調《しら》べてみるか、と思ったのが運《うん》のつき。木の実《み》を一つあげるとどこかに姿《すがた》を消《け》します。ボクはそのあとをつけ、見失《みうしな》った場所《ばしょ》で待《ま》っていると、じきに姿《すがた》を消《け》した方角から現《あらわ》れます。そこでまた木の実《み》をあげる……というふうに、少しずつジリスの「巣《す》があるだろう方向《ほうこう》」へと近づくわけです。「このジリスも単純《たんじゅん》だよな。もうじき隠《かく》れ家《が》が見つかるぞ」なんて、ボクはワクワクしていました。

ところがです。五〇メートルも森の中を進《すす》んだとき、巨大《きょだい》な岩壁《がんぺき》にぶつかってしまいました。ジリスはそこを登《のぼ》っていますが、先のほうは見えません。「だめか。残念《ざんねん》だが仕方《しかた》がない」とブツブツ言いながら戻《もど》ってきてビックリ。お弁当《べんとう》がすっかりなくなっていたのです。紙袋《かみぶくろ》などは散《ち》らかっていませんから、クマではありません。アライグマかな……と思っているところへ、ジリスがやってきました。それも五匹《ひき》もです。ジリスたちはみんなでせっせと運《はこ》び去《さ》ったようです。あたりをよく観察《かんさつ》すると、ものすごくたくさんのジリスが走り回っていることに気づきました。

最初《さいしょ》は一匹《ぴき》できて、「人間をおびき出したら、みんなで食べちゃえ！」というジリスの作戦《さくせん》にまんまと引っかかってしまったわけです。

テントにクロクマ出現《しゅつげん》！

ジリスにまんまと昼のお弁当《べんとう》をとられてしまったせいで、夕方、まだ明るいうちにおなかがすいてしまいました。早々《はやばや》と夕食をすませ、テントに入ってウトウトしていたら、何か大騒《おおさわ》ぎをしている声で目が覚《さ》めました。ボーッと聞いていると、英語《えいご》で「ベアベア」と言ってます。あたりは真《ま》っ暗《くら》。時計《とけい》を見ると十時を回っていました。「なんのこっちゃ」と思いながらまたウトウト。隣《となり》の佐々木君《ささきくん》はグーグー眠《ねむ》っています。

そのときです。「ガチャッ、ガチャガチャッ」とあやしげな物音《ものおと》。「ン？　隣《となり》の食事用《しょくじよう》のテントだぞ？　だれかが食料《しょくりょう》を盗《ぬす》みにきたのかな？」と思いながら、テントのチャックを引き上げました。体はまだ寝袋《ねぶくろ》の中。ミノムシ状態《じょうたい》のまま、顔だけテントからつき出して、隣《となり》のテントをのぞきました。が、暗《くら》くて見えません。そこで、懐中電灯《かいちゅうでんとう》を照《て》らしてみてビックリ！

「ウォッ。クマだ！」あわててテントのチャックを下ろしました。目の前に真《ま》っ黒《くろ》なアメリカクロクマがいたのです。頭の中はフル回転《かいてん》。「道理《どうり》でベアベア言っていたわけだ。それにしてもカメラ！　ストロボがいるな。アッ、ストロボは車の中だ！　だめだ、コリャ。おい、佐々《さ さ》木君《きくん》、クマだ。クマだよ！　靴《くつ》をはかなきゃ！　ともかくテントから出なきゃ！」

靴《くつ》をはいていると、「フーッ」というクマの鼻息《はないき》。テントの布《ぬの》一枚《まい》はさんだ向《む》こう側《がわ》に大きなクマの鼻《はな》があるのです。

そのとき佐々木君《ささきくん》がバサバサッと寝袋《ねぶくろ》のチャックを開《あ》けながら「え〜？　またクマ〜？」と

大きな寝《ね》ぼけ声で言いました。イエローストーンとまちがえているのかも……と思いましたが、「シーッ、すぐそばに来てるんだよ！」と声を押《お》し殺《ころ》して言いました。そのとたん、「カメラ！」と大きな声を上げて佐々木君《ささきくん》が立ち上がりました。そのときテントが大きくゆれました。ボクはクマが攻撃《こうげき》してきたのかと思ってビックリ仰天《ぎょうてん》！　いや、佐々木君《ささきくん》が急《きゅう》に立ち上がったので天井《てんじょう》に彼《かれ》の頭がぶつかり、テントが大きくゆれたのでした。

「じゃ、開《あ》けるからね」と、懐中電灯《かいちゅうでんとう》を点灯《てんとう》し、クマのいない側《がわ》のテントのチャックを引き上げ、恐《おそ》る恐《おそ》る顔を出しました。右、左、上……と用心して見回しました。が、何もいません。

「な〜んだ、もう行っちゃった……」

森の木々《きぎ》をすかしてみると、あたりのキャンパーたちは赤々《あかあか》とたき火を燃《も》やしています。みんな起《お》きていました。クマが現《あらわ》れたので、危《あぶ》なくて寝《ね》てなんかいられない……とたき火をたいてクマを追《お》い払《はら》おうというわけです。

ボクたちはクマを探《さが》しにいきました。相手《あいて》がどこにいるのか確認《かくにん》しないと、不安《ふあん》になりますから。すると、森の反対側《はんたいがわ》の方から「ベアベア」と騒《さわ》いでいる声が聞こえてきました。「クマ好《ず》きなアメリカ人も暗闇《くらやみ》で出会うとこわいらしい……」なんて考えながら急《いそ》いでいきました。

いました。かわいらしいけど大きなアメリカクロクマです。ノコノコとテントの一つに近づいて何か食べ物《たもの》を探《さが》しています。クーラーボックスの留《と》め金《がね》なんか、ついていないのと同じ。一撃《いちげき》でパカッと開《あ》けると、中にある肉や果実《かじつ》をムシャムシャと食べています。

と、そのときテントから五歳《さい》くらいの男の子とおじいさんが出てきました。そのクーラーボックスの持《も》ち主《ぬし》です。男の子はいきなりクマに近づくと、「ペラペーラ」とかなんとか言いながら、キック！　きっと「あっちへ行け！」とでも言ったのでしょう。蹴飛《けと》ばされたクマは、背中《せなか》を丸め、あわててテントから走り去りました。丸い背中《せなか》が「スミマセ〜ン」とでも言っているようでした。

そう、野生動物《やせいどうぶつ》に対しては強気《つよき》でいかないとダメ、ということが良《よ》くわかりました。現代版《げんだいばん》金太郎《きんたろう》は、アメリカにいたのでした。

巨大《きょだい》な松《まつ》ぼっくりが落《お》ちてきた

ヨセミテ国立公園《こくりつこうえん》では、キャンプ場や管理事務所《かんりじむしょ》のある平地《へいち》にはたくさんの観光客《かんこうきゃく》がいますが、そのまわりを取《と》りかこむ岩山の上に行くと、だれもいません。「クマにばったり出会ったりして……」と、静《しず》かすぎるのがかえって気になります。でも、もうクマに出会ってもこわがらなければ、大丈夫《だいじょうぶ》だということがわかったのです。

山の上に出たとき、ものすごく大きな木が立ちならぶ森が目に入りました。「ウォー！　すごい」。もうクマのことも動物《どうぶつ》のことも忘《わす》れて、車から飛《と》び出しました。セコイアオスギ、またの名はジャイアント・セコイア。大きなものは高さ一〇〇メートルにも達《たっ》するそうです。子どものころ、この木の根《ね》もとに作られたトンネルを自動車《じどうしゃ》が通っている写真《しゃしん》を見たことがあります。

日本の屋久島《やくしま》に生《は》えている縄文杉《じょうもんすぎ》なども巨木《きょぼく》ですが、驚《おどろ》くのはジャイアント・セコイアの高さです。まっすぐに空に向《む》かってのびています。ボクたちが見た木でも六〇メートルくらいはあるようです。この木の根《ね》もとで記念写真《きねんしゃしん》を撮《と》りました。どんなに太っていても、きっとやせて見えるにちがいありません。

広場でデーンと仰向《あおむ》けにひっくり返《かえ》ってこずえをながめました。あんなに高いところまで水分や栄養分《えいようぶん》を吸《す》い上げるなんて……。別《べつ》に心臓《しんぞう》もモーターも中に備《そな》わっていないのに。植物《しょくぶつ》って不思議《ふしぎ》です。

そのときです。ドサッ！　と何かが落《お》ちてきました。「あれ？　なんだ～？」むっくりと起《お》

セコイアの松《まつ》ぼっくり。こんなのが頭にあたったらたいへん。

き上がり、歩き回りましたが、とくにあやしいものも見つかりません。でもおかげでいいものを見つけました。巨大《きょだい》な松《まつ》ぼっくりです。五～六個《こ》抱《かか》えて「オーイ、すごいぞーっ！」と半分眠《ねむ》りかかっていた佐々木君《ささきくん》に見せました。「すごいね、木が大きいと実《み》も大きいんだね～」なんて言い合いましたが、これはまちがい。木が大きくても実《み》が小さいものはいくらでもあります。たまたまセコイアがそうなだけなのですが、ともかく巨大松《きょだいまつ》ぼっくりも記念撮影《きねんさつえい》。

と、そのときまたドサッ！と

音がして、コロコロッとその巨大松《きょだいまつ》ぼっくりが転《ころ》がってきたのです。一瞬《いっしゅん》、佐々木君《ささきくん》と顔を見合わせ、急《いそ》いで車に戻《もど》りました。だって、爆弾《ばくだん》のように松《まつ》ぼっくりが落《お》ちてくるということがわかったからです。もしも頭に直撃《ちょくげき》を受《う》けたら大けがです。そんなことも知らずに大の字になって木の真下《ました》で見上げていたなんて……。

考えただけでもぞっとします。クマも出会ったらビックリするけど、松《まつ》ぼっくり爆弾《ばくだん》はずっとこわいものです。なにしろ何も知らないのに頭の上へ落《お》ちてくるのですから。

国立公園内《こくりつこうえんない》を走る電気自動車《でんきじどうしゃ》

いよいよアメリカの国立公園《こくりつこうえん》めぐりも最後《さいご》の日が来ました。ヨセミテから山を下ればじきにサンフランシスコです。朝早くから起《お》き出し、テントを干《ほ》します。荷物《にもつ》を入念《にゅうねん》に積《つ》みこみます。夜を明るく過《す》ごさせてくれたランタンや食事《しょくじ》をとったりノートをつけたりするときに使《つか》ったテーブル、肉や果物《くだもの》を冷《ひ》やしたクーラーボックス、簡易《かんい》ベッドなどなど、山ほどあります。なにしろボクは空港《くうこう》から飛行機《ひこうき》に乗《の》れば、一直線《いっちょくせん》で東京です。でも佐々木君《ささきくん》は来た道をシカゴまで何千キロも車で走って戻《もど》るのです。ですから、テントはとくにカラカラに干《ほ》さないとカビが生《は》えてしまいます。

テントはそう簡単《かんたん》には乾《かわ》きません。「そうだ、バスに乗《の》って最後《さいご》の観光《かんこう》をしようよ」と、管《かん》理事務所《りじむしょ》で時刻表《じこくひょう》を見ると、少し待《ま》てばバスがやってくることがわかりました。

バスはきれいなミドリ系統《けいとう》の色でぬられたしゃれたものです。屋根《やね》に上《のぼ》ることもできます。風を受《う》けて走りますから、それこそ最高《さいこう》。思わず「ヤッホー」なんて叫《さけ》びたくなります。

でも、乗《の》っていて気づいたのです。そのバスは電気エンジンだったのです。ヨセミテ国立公《こくりつこう》園《えん》の空気を少しでも汚《よご》さないように、自家用車で来た人々《ひとびと》を無料《むりょう》で乗《の》せて、主《おも》なところをグルッとガイドしていたのです。バスは夏の間ずっと運行《うんこう》しており、費用《ひよう》は国立公園協会《こくりつこうえんきょうかい》が出しているようです。おかげでむだな混雑《こんざつ》もなく、燃料《ねんりょう》も使《つか》わないですみます。今から三〇年近くも前から、ヨセミテではちゃんと対策《たいさく》の手を打《う》っていたのです。大きな驚《おどろ》きでした。

このようなことは、日本では最近《さいきん》おこなわれるようになったことです。富士山《ふじさん》のスバルラインなどでは、ここ数年、夏の数日間《すうじつかん》、自家用車の乗《の》り入れを規制《きせい》しています。富士山《ふじさん》の場合、ふもとでバスに乗《の》り、五合目まで行きます。混雑《こんざつ》と排気《はいき》ガスを防《ふせ》ぐためです。でもそのバスは電気バスでもなく、もうもうと黒い排気《はいき》ガスを出すものもあります。これではあまり効果《こうか》は上

国立公園内《こくりつこうえんない》を無料《むりょう》で走る、排気《はいき》ガスの出ない電気バス。

がらないでしょう。まあ、やらないよりはマシ……ということでしょうか。

佐々木君《ささきくん》とサンフランシスコの空港《くうこう》で別《わか》れるはずでしたが、話をしているうちに予定変更《よていへんこう》。サンディエゴの動物園《どうぶつえん》とディズニーランドに寄《よ》っていくことになりました。せっかく西海岸《にしかいがん》まで来たのですから、最高《さいこう》の動物《どうぶつ》園《えん》と遊園地《ゆうえんち》に寄《よ》っていこうというわけです。そのほうがシャワーを浴《あ》びてきれいな体で飛行機《ひこうき》に乗《の》れるし……。

動物園《どうぶつえん》ではめずらしい動物《どうぶつ》が

たくさんいました。コアラ、レッサーパンダなどなど。今でこそ日本の動物園《どうぶつえん》でもふつうに見られますが、当時はめずらしかったのです。しかも檻《おり》がないのでよく観察《かんさつ》できます。とても一日では見きれないので、二日も動物園《どうぶつえん》に通ってしまいました。

「今度《こんど》は東京で会おうね。気をつけて」

ロサンゼルス空港《くうこう》で彼《かれ》は最後《さいご》まで見送ってくれました。きっと彼《かれ》は、いつものように大きな声で英語《えいご》の歌を歌いながら、シカゴまで運転《うんてん》していくにちがいありません。とても「へたっぴ」なのですが、今となってはなつかしい歌声です。

このアメリカ旅行《りょこう》は動物《どうぶつ》の知識《ちしき》だけでなく、動物《どうぶつ》と人間が共《とも》に暮《く》らしていくにはどうしたらいいのか、国立公園《こくりつこうえん》がどのような仕組《しく》みなのかなど、見ること聞くこと新しいことだらけ。予想《よそう》もしなかったことです。そして、みんな陽気《ようき》で楽しみながら仕事《しごと》をしている、と感《かん》じました。そうです、世界《せかい》は明るくて広いのです。知らないこと、不思議《ふしぎ》なことがたくさんあるから、日本へ戻《もど》ったら動物《どうぶつ》や自然《しぜん》のことをもっと勉強《べんきょう》しよう。勉強《べんきょう》すればもっとおもしろいことが見つかるにちがいない……。そう考えているうちに、泉《いずみ》先生のことを思い出しました。一時《いっとき》も早くアメリカ旅行《りょこう》のことを報告《ほうこく》しなくちゃ。きっと先生は軽《かる》くこう言うんです。「ほー、それはたいへんでしたね」と。

Ⅲ

富士山《ふじさん》にすむ動物《どうぶつ》たち

秋の日はつるべ落《お》とし

日本に戻《もど》って、久《ひさ》しぶりに国立科学博物館《こくりつかがくはくぶつかん》の泉《いずみ》先生のところへ顔を出しました。そしてアメリカの国立公園《こくりつこうえん》めぐりの報告《ほうこく》です。泉《いずみ》先生は予想通《よそうどお》り「ホホー」とか「それはたいへんだったですね」とか相《あい》づちを打《う》ったり感心《かんしん》したりして、話を聞いてくれました。

「それはそうと……」と泉《いずみ》先生が言いました。「ぜひ今泉君《いまいずみくん》に会いたいという人がいてね」

それは元上野動物園長《もとうえのどうぶつえんちょう》の林寿郎《はやしじゅろう》さんでした。富士山《ふじさん》に児童《じどう》センターをつくって、子どもたちが自然《しぜん》のことを体験《たいけん》できるようにする、という計画《けいかく》を立てていました。そこでボクに動物《どうぶつ》の調査《ちょうさ》をしてほしいというのです。ボクは大賛成《だいさんせい》でした。

でも、泉《いずみ》先生はあまりうれしそうではありません。ボクが泉《いずみ》先生のところからいなくなってしまうと困《こま》ることが起《お》こるかもしれない、と考えていたのです。それは、もしも環境庁《かんきょうちょう》(現在《げんざい》の環境省《かんきょうしょう》)に提出《ていしゅつ》してあるイリオモテヤマネコの生態調査《せいたいちょうさ》が許可《きょか》されたら、その調査《ちょうさ》員《いん》としてボクに行ってほしいと思っていたからでした。

泉《いずみ》先生と林先生とボクと、三人で相談《そうだん》しました。でも、話は簡単《かんたん》。「今泉君《いまいずみくん》は、富士山《ふじさん》で仕《し》事《ごと》をしながら、イリオモテヤマネコの調査《ちょうさ》もすればいいのです」と、林先生が言ったのです。

これで話は決《き》まりました。ボクはこれからいそがしくなるなんて考えもしませんでした。それよりも、運命《うんめい》の流《なが》れのようなものを感《かん》じていました。富士山《ふじさん》でヒミズやヒメヒミズなどの動物《どうぶつ》の調査《ちょうさ》をしてきて、アメリカで国立公園《こくりつこうえん》のすばらしさを知り、そして日本の国立公園《こくりつこうえん》である富《ふ》士山《じさん》で仕事《しごと》をする……というのは偶然《ぐうぜん》にしても驚《おどろ》くべきことです。自分の将来《しょうらい》というものが、大きな流《なが》れに巻《ま》きこまれたかのように、どんどん決《き》まっていってしまいます。動物学者《どうぶつがくしゃ》になろうとしている方向《ほうこう》とは大きくはちがっていないはずです。でもその偶然《ぐうぜん》のような流《なが》れを恐《おそ》ろしくも感《かん》じたのです。もちろん自分の意思《いし》で決《き》めているのですが……。

こうしてボクは、泉《いずみ》先生とは離《はな》れて、富士山《ふじさん》で動物《どうぶつ》の調査《ちょうさ》をすることになったのです。林先生は、とても気の短《みじか》い人でした。「じゃ、来週の月曜日、富士山《ふじさん》に行きましょう」というのですから。

富士山《ふじさん》は良《よ》い天気でした。そろそろ紅葉《こうよう》が始《はじ》まっています。林先生の案内《あんない》で、富士山《ふじさん》の東《ひがし》側《がわ》にある須走口登山道《すばしりぐちとざんどう》の周辺《しゅうへん》をくまなく見て回りました。登山道《とざんどう》を登《のぼ》っていくと、くずれかかった山小屋《やまごや》がありました。小屋《こや》の標高《ひょうこう》は一三五〇メートル。この小屋《こや》から先は道がけわしくなり、昔《むかし》は乗《の》ってきた馬を返《かえ》したところから、馬返《うまがえ》し小屋《ごや》と呼《よ》ばれているそうです。林先生が言いました。「この小屋《こや》を直して、研究所《けんきゅうじょ》にすればいいでしょう。明日《あす》から大工《だいく》さんが来て、工事《こうじ》を始《はじ》めるから。だから、小屋《こや》が完成《かんせい》するまでは、須走《すばしり》の町で寝泊《ねとま》りですね。いろいろな許《きょ》可《か》は営林署《えいりんしょ》などでとってあるから、どんどん思うようにやってください」

その日、ボクはさっそく調査《ちょうさ》を始《はじ》めました。須走口《すばしりぐち》の五合目から四〇分ほど歩いたところに小富士《こふじ》という見晴《みは》らしの良《よ》い場所《ばしょ》がありますが、そこへ行く途中《とちゅう》がすばらしい森だったので、まずはそこにどんな動物《どうぶつ》がいるか、調《しら》べようと思ったのです。

林先生のジープを借《か》りて、調査《ちょうさ》の開始《かいし》です。一人《ひとり》で歩いていると、秋の富士山《ふじさん》は静《しず》かでさびしすぎるところです。うっそうとした森は薄暗《うすぐら》くて、クマでも飛《と》び出してくるんじゃないか、と気になります。でも、イエローストーンのクマだって別《べつ》に恐《おそ》ろしいわけじゃなかったし……、と自分をはげまします。二〇個《こ》のネズミ用のワナをかけているうちに、ハッとしました。森の中が薄暗《うすぐら》かったので気づかなかったのですが、もう夕暮《ゆうぐ》れだったのです。ワナをかけ終《お》えたときにはすっかり暗《くら》くなっていました。「秋の日はつるべ落《お》とし」とはよくいったものです。ところが懐中電灯《かいちゅうでんとう》を出そうとしたとき、持《も》っていないことに気づきました。「しまった！」

富士山《ふじさん》須走口《すばしりぐち》の馬返《うまがえ》し小屋《ごや》。3年間、富士山麓《ふじさんろく》で動物調査《どうぶつちょうさ》をおこなう。

ジープに積《つ》みこむのを忘《わす》れ、須走《すばしり》の町に置《お》いてきていたのです。

どこが山道なのかまったく見えません。泣《な》きたくなりました。泣《な》いていてもクマが出てくるくらいでしょうから、歩くしかありません。一歩、一歩、ゆっくりと足を出します。「たしか、わかれ道があったよな」と思ったとき、冷《ひ》や汗《あせ》が出ました。迷《まよ》ったらえらいことになる。もう四つんばいで、手探《てさぐ》りです。手で道なのかどうか探《さぐ》って進《すす》みます。おっかないしこわいし、こんなの初《はじ》めて！

スタスタ歩けば四〇分の距離《きょり》を二時間もかかりました。人間というのは、明るいところで、目を使《つか》って生きている動物《どうぶつ》だということがよ〜くわかりました。

ジープに戻《もど》ったときホッとしました。でも、乗《の》りなれていない車というのは、また別《べつ》の意味《いみ》でこわいものです。山道でもたもたしているうちに、お化《ば》けが乗《の》っていたらどうしよう……などと考えます。でこぼこ道を下っていくと、後《うし》ろの荷台《にだい》でゴトゴトと何か変《へん》な音がします。そのたびにふり返《かえ》りますが、もちろん何もいません。バックミラーに写《うつ》るのは〝恐《おそ》ろしい〟自分の顔！

馬返《うまがえ》しのくずれた小屋《こや》の前を通ったときはゾーッとしました。人間の気配《けはい》のある場所《ばしょ》というのはこわいものです。小屋《こや》の中からだれかがジーッと見ているような気がしたのです。アクセルをグッと踏《ふ》んで、でこぼこ道を猛《もう》スピードでかけ下りました。ひっくり返《かえ》ったってイイ！と思ったのです。

須走《すばしり》の町で林先生が心配《しんぱい》していました。「すみません、遅《おそ》くなって。いえ、夜の森をちょっと観察《かんさつ》していたものですから」と落《お》ちつきはらって言いました。ボクが泣《な》きそうになって、四つんばいで山道を歩いたなんて、今の今までだれも知らないことなのですよ。

ヤマネの巣箱《すばこ》

翌日《よくじつ》、東京の本郷《ほんごう》に住《す》む鈴木《すずき》さんという大工《だいく》さんが、半分つぶれていた馬返《うまがえ》し小屋《ごや》の修復《しゅうふく》にやってきました。何日かしたときです。鈴木《すずき》さんが目を大きくしてうれしそうに言いました。

「今泉《いまいずみ》さん！　これなんていうネズミですか？　小屋《こや》の中にあった古い布団《ふとん》の中で見つけたんですよ。とってもかわいいですね」と、小さなダンボールの箱《はこ》の中で眠《ねむ》っている二匹《ひき》の小さな動物《どうぶつ》を見せてくれました。ヤマネでした。秋になると冬眠《とうみん》するめずらしいネズミの仲間《なかま》です。

「そうだ。小鳥用の巣箱《すばこ》をかけよう」と思いました。そうすれば、ヤマネが冬眠《とうみん》をしに入るから、いつでも観察《かんさつ》できるようになるのです。さっそくいらない材木《ざいもく》をもらって、ボクは小鳥の巣箱《すばこ》を作りはじめました。でもなかなかうまくいきません。ノコギリで板《いた》をまっすぐに切るだけでもたいへんなのです。

ボクの手つきを見ていた鈴木《すずき》さんが、ニヤッと笑《わら》いました。「そんなのなら私《わたし》が作りますよ。何個《なんこ》くらい必要《ひつよう》ですか」と言うやいなや、あざやかな手つきでたちまち二〇個《こ》も作ってくれた

丸くなって冬眠《とうみん》している２匹《ひき》のヤマネ。
背中《せなか》の黒すじが特徴《とくちょう》。

のです。さすがプロです。それもみんなピタッと同じ大きさで、屋根《やね》もついています。ボクのはただの箱《はこ》……。ちょっと情《なさ》けない話ですが、こればかりは仕方《しかた》ないですね。

次《つぎ》の日からハシゴと針金《はりがね》と巣箱《すばこ》を持《も》って森に行きました。これぞと思う木にハシゴをかけて、地面《じめん》から四メートルくらいのところに巣箱《すばこ》をしっかりと取《と》りつけます。中に雨が入らないように、出入口を少し下向《したむ》きにします。

その間、大工《だいく》の鈴木《すずき》さんは、朝早くから夜遅《おそ》くまでトントン、カンカン、せっせと小屋《こや》を直していました。「冬までにはちゃ～んと暖《あたた》かくしますから。冬はここで越《こ》せますよ」と言います。「ただ最後《さいご》に一つ、大工事《だいこうじ》があるんです。奥《おく》の柱《はしら》が腐《くさ》っているんで、取《と》り替《か》えておかないと雪でつぶれたらたいへんですからね」。もうじき、小屋《こや》がよみがえります。

そんなある日、お昼を鈴木《すずき》さんと食べようと思い、少し早めに馬返《うまがえ》し小屋《ごや》へ戻《もど》ってきました。

すると鈴木《すずき》さんが小屋《こや》の前に立っています。「アレッ、鈴木《すずき》さん、どうしたんだろう……?」働《はたら》き者《もの》の鈴木《すずき》さんが仕事《しごと》の手を休めているなんて変《へん》です。ボクが近づくなり「変《へん》なものが埋《う》まっているんです」と、こわい顔をして言うのです。「柱《はしら》をね、腐《くさ》っているんで、取《と》り替《か》えようとして掘《ほ》っていたら、変《へん》なものが埋《う》まっていたんです。ちょっと見てください……」

柱《はしら》の根《ね》もとがくぼんでいます。くぼみの底《そこ》の黒っぽい砂《すな》や小石をスコップですくうと、ベージュ色の布《ぬの》が見えました。スコップの先でちょっと突《つ》っつくと、何かやわらかいもののようです。

ボクたちは顔を見合わせました。「フーム、変《へん》ですね……」。なんか妙《みょう》なのです。

山《やま》小《ご》屋《や》から「変《へん》なもの」が……

変《へん》なものが地面《じめん》の下から見えていましたが、二人《ふたり》とも何も言わずに砂《すな》や小石をもとに戻《もど》しました。そしてほぼ同時に、「林先生に見てもらいましょう」と言いました。

町までジープですっ飛《と》んでいきました。この間の夜、あの小屋《こや》の中から何かがジーッと見ているような気がしたけど、やっぱり何かがいたんだ！　寒《さむ》いのに汗《あせ》が出てきました。

　林先生は、山小屋《やまごや》に着《つ》くなり、「ずいぶんきれいになったね。雪が降《ふ》るまでには完成《かんせい》するね」とニコニコして言いました。そして太った体を細くして、立てかけてある材木《ざいもく》の間をやっとのことで通りぬけ、小屋《こや》に入りました。また鈴木《すずき》さんがスコップで砂《すな》や小石をかき分けました。ニコニコしていた林先生の顔がまじめな顔になりました。「妙《みょう》だね～」とだけ言って、先生はジープに戻《もど》りました。ボクたちが車のそばに行くと、林先生は言いました。「鈴木《すずき》さん、御殿《ごてん》場《ば》。御殿場署《ごてんばしょ》に行きましょう」

　ジープはフルスピード。ひっくり返《かえ》りそうになりながら、下っていきました。ボクは山小屋《やまごや》で待《ま》っていました。小屋《こや》の周《まわ》りに静《しず》けさが漂《ただよ》っていました。

　二時間ほどして、先生たちのあとから警察《けいさつ》の人たち八人がやってきました。急《きゅう》にあたりがにぎやかになって、ボクはホッとしました。あとで鈴木《すずき》さんに聞《き》いたところ、御殿場署《ごてんばしょ》で「山小屋《やまごや》に変《へん》なものが埋《う》まっている」と言っただけで、警察官《けいさつかん》と刑事《けいじ》と鑑識《かんしき》の人が直《ただ》ちに「見にいきましょう」と言ったのだそうです。長年の〝カン〟というのが働《はたら》いたのでしょう。でも鈴木《すずき》さんは、ただのゴミだったらどうしよう……と思ったそうです。

　警察《けいさつ》の人たちが柱《はしら》を囲《かこ》んで調《しら》べている間、ボクたちは小屋《こや》の外で富士山《ふじさん》の動物調査《どうぶつちょうさ》をどう

秋の富士山《ふじさん》。南斜面《しゃめん》に大きな口を開《あ》ける宝永《ほうえい》火口。

やって進《すす》めていくか、相談《そうだん》していました。暗《くら》い小屋《こや》の中でフラッシュが光っています。写真《しゃしん》を撮《と》っているのです。ずいぶん長い時間がたって、やっと警察《けいさつ》の人たちが出てきました。そして、大きな荷物《にもつ》を四人がかりで車に積《つ》みこむと、「まっ、くわしいことは明日《あす》にでもまた……。どうも」とだけ言って、全員《ぜんいん》が引き上げていきました。

翌日《よくじつ》、ボクはもう山小屋《やまごや》に埋《う》まっていた〝変《へん》なもの〟のことはほとんど忘《わす》れていました。鈴木《すずき》さんは材木《ざいもく》を買いに東京へ、林先生は御殿場署《ごてんばしょ》に行きました。警察《けいさつ》が調《しら》べたのですから、もう大丈夫《だいじょうぶ》。ボクが調《しら》べるのは動物《どうぶつ》……、と自分に言い聞かせ、ボクはまた森の奥《おく》へと出かけていきました。

紅葉《こうよう》のころの富士山《ふじさん》はとてもすてきです。歩くと色とりどりの枯《か》れ葉《は》が、カサカサと乾《かわ》いた音を立てます。木の葉がほとんど落《お》ちてしまったので、シジュウカラやヒガラなどの小鳥がこずえで小さな虫を探《さが》しているのがよく見えます。カケスが落《お》ち葉《ば》をかき分けてドングリを探《さが》しています。リスが木の上から飛《と》び下りてドングリを拾《ひろ》います。枯《か》れ葉《は》がバサッというのですぐにわかります。動物《どうぶつ》たちはみんな冬の準備《じゅんび》をしているのです。

布団《ふとん》の間からヤマネが

秋の終《お》わり、大事件《だいじけん》のあった山小屋《やまごや》の工事《こうじ》が終《お》わりました。トイレも完成《かんせい》しました。赤や黄色の木の葉も落《お》ちはじめて、さびしくなりました。大工《だいく》さんも東京へ引き上げ、ボク一人《ひとり》が富士山《ふじさん》に残《のこ》りました。小屋《こや》はちょっとこわいのですが、神主《かんぬし》さんにお払《はら》いもしてもらったし、大丈夫《だいじょうぶ》でしょう。

山小屋《やまごや》生活《せいかつ》はヒマかというと、そうでもありません。毎日やることはいっぱいあります。朝起《お》きたらストーブに火をつけ、ヤカンに水を入れてのせます。その間に小屋《こや》の中を掃除《そうじ》したり、小屋《こや》の裏《うら》にかけてあるワナを見回ったり。そして朝食《ちょうしょく》です。中でも大切なのはノートを書くことです。いつもノートを持《も》っていて、出来事《できごと》はすべて書きますが、朝はその日の予定《よてい》を考えるために、前の日の記録《きろく》を読んだりします。

これは泉《いずみ》先生から教わったことで、「毎日、必《かなら》ずノートをつけるようにしているんです」と見せてくれたことがあります。地図が書いてあったり、動物《どうぶつ》や花の絵もありました。ときには色がぬってあったりして「ウワーッ、きれいですね」なんてビックリします。でも、先生は「絶対《ぜったい》に書きなさい」とは言いません。先生は命令《めいれい》したり命令《めいれい》されることが大嫌《だいきら》いなのだそうです。人間というのは変《へん》なもので、「ノートを書きなさい！」と言われるよりも、すてきな絵のあるノートを見たほうが「よし、ボクもノートをつけるぞ」と思うものです。みなさんもそうだと思いますが……。

ともかく、朝食《ちょうしょく》を終《お》えると、一日おきに四キロメートルほどの道のりを下界《げかい》まで下ります。標高差《ひょうこうさ》は約《やく》五五〇メートル。富士山《ふじさん》には水がないので、町で水をくんでくるのです。水の大切さがよくわかりました。それから灯油《とうゆ》や、ジープ用のガソリンも必要《ひつよう》です。そして食料《しょくりょう》の調達《ちょうたつ》です。このときに電話をかけたり、手紙を出したりします。ですから、なかなかいそがしいというのがわかるでしょう？

ある夜のことです。小屋《こや》の中に積《つ》んでおいた布団《ふとん》を片《かた》づけようとしたら、コロコロっと何か小さな動物《どうぶつ》が落《お》ちたのです。あれっと思って見ると、先日に引きつづきヤマネでした。布団《ふとん》の間でゴルフボールのように丸くなって冬眠《とうみん》していたのです。それも二匹《ひき》いました。転《ころ》がったのに目も覚《さ》ましません。

さっそく観察《かんさつ》することにしました。大工《だいく》さんが作ってくれてあった観察装置《かんさつそうち》と巣箱《すばこ》を用意《ようい》し

活動中《かつどうちゅう》のヤマネ。大きな昆虫《こんちゅう》もバリバリ食べる。

ました。巣箱《すばこ》に乾《かわ》いたコケや木の葉、綿《わた》をいっぱいに入れて、その間にそっとヤマネを入れました。「春になるまでここで眠《ねむ》っているはずだ。春になったら楽しみだぞ」とワクワクしました。眠《ねむ》っているから世話《せわ》をする必要《ひつよう》もありませんが、念《ねん》のためリンゴとミカン、水は入れました。冬眠中《とうみんちゅう》の動物《どうぶつ》は飼《か》ったことがないので、いつものクセでえさと水を入れただけのことです。

行方不明者《ゆくえふめいしゃ》

夜九時、いつものように眠《ねむ》ろうと思っ

て〝シュラフ（寝袋《ねぶくろ》）〟にもぐりこみ、ランプの明かりでノートを読んでいたときです。ザクッ、ザクッと重《おも》い足音が聞こえました。「こんな夜遅《おそ》くに。だれだろう……」と耳を澄《す》ましていると、足音が小屋《こや》の入り口の方へ近づいてきます。寝袋《ねぶくろ》の中に隠《かく》れようかと思ったのですが、そうもいきません。入り口のドアを見ました。しっかりと〝かんぬき〟がかかっています。それでも心臓《しんぞう》がドキドキするのがわかりました。足音が入り口の向《む》こう側《がわ》で止まり、ドアをドンドンドンとたたいたのです。もう心臓《しんぞう》が口から飛《と》び出しそうでした。

その人は、ドアをたたくと、「こんばんは！　こんばんは！」と大声で言いました。ボクはなぜかホッとしました。お化《ば》けでも強盗《ごうとう》でもなさそうだ……と感《かん》じたからです。返事《へんじ》をするのもこわかったのですが、ちょっと聞《き》き覚《おぼ》えのあるような声だったので、「ちょっと待《ま》ってください！」と言って、あわてて寝袋《ねぶくろ》から飛《と》び出し、登山靴《とざんぐつ》をはきました。恐《おそ》る恐《おそ》るドアーを開《あ》けると、真《ま》っ暗《くら》な中に人が立ってます。暗闇《くらやみ》に目がなれて、その人がだれであるかわかりました。須走《すばしり》の町の派出所《はしゅつじょ》の警察官《けいさつかん》だったのです。

こんな夜遅《おそ》くに来たわけはすぐにわかりました。「お休みのところ申《もう》し訳《わけ》ありません。実《じつ》は、高校生くらいの女の子が行方不明《ゆくえふめい》になったんです。家族《かぞく》でキノコをとりに小屋《こや》の下の方から森に入ったらしいのですが、夕方になっても一人《ひとり》だけ戻《もど》らないので、派出所《はしゅつじょ》に来たわけです。

それで、ずっと探《さが》しているんです」。地図を出してどのあたりなのか、説明《せつめい》してもらいました。「営林署《えいりんしょ》の人なども集《あつ》まって、今、山中《さんちゅう》を探《さが》しているんです」。四〇人以上《いじょう》の人たちが探《さが》し回っているのだそうです。

「それでですね、あなたはここでずっと山の中を調査《ちょうさ》しているって聞きましたので、このあたりを探《さが》してほしいんです……」と指差《ゆびさ》したのは、山の奥《おく》の奥《おく》。ツキノワグマがすんでいるあたりでした。内心「ゲッ」と思いました。そんなところ、夜の夜中に……一人《ひとり》で……。「懐中電灯《かいちゅうでんとう》も何も持《も》ってないらしいんです」と言われて、思い出しました。小富士《こふじ》に行って、真《ま》っ暗闇《くらやみ》の中を四つんばいで歩いて帰《かえ》ってきたことを。迷《まよ》った人はさぞかしこわい思いをしているだろうと思い、「わかりました」とキッパリ言ったのです。

ジープに飛《と》び乗《の》ると、森の奥《おく》へと向《む》かいました。地図にはのっていない古い林道があって、なんとかジープならば入れるところです。ゆっくりと耳を澄《す》まして走ります。こちらもときどき警笛《けいてき》を鳴《な》らします。その人に聞こえるように、そしてクマがいなくなるように……と願《ねが》って。

ジープを降《お》りたりして二時間ほど探《さが》し回ったのですが、見つかりません。「こっちの方には来なかったのかな」と思いながら、小屋《こや》へ引き返《かえ》しました。ともかく広すぎて、真《ま》っ暗《くら》ではとても探《さが》せません。

大工《だいく》さんが作ってくれたヤマネの観察装置《かんさつそうち》。

　ストーブに火を入れ、お湯《ゆ》が沸《わ》いたのでコーヒーを飲《の》み、今あった出来事《できごと》をノートにつけたりしていました。もう午前二時を回っていました。ときどき小屋《こや》の裏《うら》を探《さが》してみたりしましたが、森はシーンと静《しず》まり返《かえ》っています。派出《はしゅつ》所《じょ》に行ってみようかとも思いましたが、全員《ぜんいん》留《る》守《す》だろうなと思い、待《ま》つことにしたのです。

　何気《なにげ》なくヤマネの観察装置《かんさつそうち》をのぞいたら、一匹《ぴき》のヤマネがトコトコ歩いているではありませんか！「えっ、眠《ねむ》っているはずじゃなかったの？」。そうぞうしいので起《お》きたのかなとか思ったのですが、水を飲《の》み終《お》えるとまた巣箱《すばこ》に入っていきました。「フーム」と考えこみました。水を飲《の》みにときどき起《お》きるのかもしれないな、と思ったからです。そんなことはどんな本にも書いてありません。いよいよヤマネの観察《かんさつ》が楽しみになりました。

明け方になって、先ほどの警察官《けいさつかん》がやってきました。「見つかりました。山中湖《やまなかこ》の方の国道で。全身傷《ぜんしんきず》だらけでしたが元気でした」と教えてくれました。真《ま》っ暗《くら》な中で、道でもないところでは決《けっ》して歩いてはいけません。富士山《ふじさん》は溶岩《ようがん》の塊《かたまり》ですから、凸凹《でこぼこ》がはげしく、落《お》ちたら助《たす》からない風穴《ふうけつ》という巨大《きょだい》な穴《あな》もあります。大きな木の根《ね》もとで静《しず》かにして明るくなるのを待《ま》つのがいちばん良《よ》い方法《ほうほう》なのです。「どうもありがとうございました」と言って、警察官《けいさつかん》が帰っていきました。いやはや本当にご苦労《くろう》さまでした。

水場にキツネがやってきた

山小屋《やまごや》で夜を過《す》ごすようになってわかってきたのは、いろいろな動物《どうぶつ》が近くにやってきているらしい、ということでした。気配《けはい》はあるのですが、姿《すがた》はなかなか見られません。富士山《ふじさん》には川や沼《ぬま》がないので、水場を作ることにしました。富士山《ふじさん》の地面《じめん》は砂礫《されき》や溶岩《ようがん》なので、降《ふ》った雨はすぐに地下にしみこんでしまうのです。スコップで大きなくぼみを掘《ほ》り、ビニールシートを敷《し》きます。ヘリのほうには石を並《なら》べて、シートをおさえ、水を入れれば出来上《できあ》がり。小屋《こや》から少し離《はな》れていて、窓《まど》からのぞけばよく見えるところに人工の池を作ったのです。池の周《まわ》りには細かい砂《すな》をまきました。そうすれば、水を飲《の》みにきた動物《どうぶつ》の足跡《あしあと》が残《のこ》ります。

お昼ご飯《はん》を食べながら池を窓《まど》からちょっと見たら、もうシジュウカラやヒガラなどの小鳥たちが来ていました。ためしに双眼鏡《そうがんきょう》で見ると、よく観察《かんさつ》でき、ちょうどいい場所《ばしょ》に池を作ったことがわかりました。計画《けいかく》は大成功《だいせいこう》です。きっと夜になればキツネやタヌキがやってくるにちがいありません。毎朝、使《つか》わずに残《のこ》ったポリタンクの水を池に入れ、そのまま下界《げかい》へ新しい水をくみにいく……、「むだがなく、われながら名案《めいあん》だ」と思ったものです。

いよいよ寒《さむ》くなってきたころ、キツネがやってきているようでした。池の周《まわ》りに足跡《あしあと》がついているのです。夕方、池の周《まわ》りの落《お》ち葉《ば》などをのけて、砂《すな》をきれいにならします。夜はできるだけ静《しず》かにして、ときどきそっと窓《まど》からのぞきます。暗《くら》くてもランプのかすかな明かりと双眼《そうがん》鏡《きょう》があれば、キツネのいることくらいはわかります。キツネはとても用心深《ようじんぶか》い動物《どうぶつ》です。何日も足跡《あしあと》だけしか見れません。きっとボクが眠《ねむ》ったあとにやってくるのでしょう。「ま、そのうち小屋《こや》の明かりにもなれるだろう」と、のんびり構《かま》えます。調査《ちょうさ》のときのように、息《いき》を殺《ころ》して待《ま》っていたら、気が疲《つか》れてとても小屋《こや》で暮《く》らせなくなるからです。

手づくりの池に水を飲《の》みにやってきたホンドギツネ。

そんなある夕方、ついにキツネが姿《すがた》を見せました。でも最初《さいしょ》はイヌかと思いました。まだ明るいのにやってきたからです。耳は大きいし、口先がとがり、尾《お》の先にちょっと白い部分《ぶぶん》があります。ゆうゆうと水を飲《の》み、池のほとりでイヌのように座《すわ》って休んでいます。あの用心深《ようじんぶか》いキツネが……、信《しん》じられない光景《こうけい》です。もしかするとキツネにだまされているのかな~なんて思いながらも、これからはよく観察《かんさつ》できるぞ！　とワクワクしました。が、その夜、ついに雪が降《ふ》ってきました。

野生動物《やせいどうぶつ》にとって水場は大切な場所《ばしょ》

です。とくに肉食動物《にくしょくどうぶつ》は毎日たくさんの水を飲《の》みますから、遠くからでも良《よ》い水場にはやってくるものです。でも、雪は水の代《か》わりになります。雪をなめれば、わざわざ遠くにある水場まで行かなくてすむからです。

「あーあ、もう水場は必要《ひつよう》なくなってしまった……」のです。

銀世界《ぎんせかい》に残《のこ》された跡《あと》

雪が降《ふ》って、いそがしくなりました。なぜって？　それは下界《げかい》までの道を確保《かくほ》しておかなければならないからです。ジープでも雪が降《ふ》ったらそう簡単《かんたん》には山小屋《やまごや》まで上がってこれません。すぐに電話《でんわ》をかけに下界《げかい》へ行きました。今のように携帯電話《けいたいでんわ》などないから、なかなかたいへんです。

「もしもし〜、雪が多いのでそろそろ必要《ひつよう》ですね。ブルドーザーが」と東京の大工《だいく》さんに伝《つた》えました。

なんで大工《だいく》さんにブルドーザーの注文《ちゅうもん》を……、ノコギリじゃないの？　と思うかもしれませんが、実《じつ》は、大工《だいく》さんにその手配《てはい》をしてもらうことになっていたのです。大雪になる前にブルドーザーがこないと山小屋《やまごや》から下界《げかい》に行けなくなります。幸《さいわ》い、翌日《よくじつ》には大型《おおがた》トラックがブルドーザーを運《はこ》んできました。

これでOK《オーケー》です。朝、雪が積《つ》もっていたら、まずブルドーザーで雪かきをしながら山を下り、ジープが通れるようにして、小屋《こや》に戻《もど》ります。それから今度《こんど》はジープで下界《げかい》まで水をくみにいく……というわけです。

それから動物《どうぶつ》の調査《ちょうさ》もいそがしくなります。雪があると動物《どうぶつ》たちはいやでも足跡《あしあと》を残《のこ》すことになります。『シートン動物記《どうぶつき》』で有名《ゆうめい》な、アメリカの博物学者《はくぶつがくしゃ》のシートンは、「動物《どうぶつ》は生まれたときから足跡《あしあと》を残《のこ》しはじめ、足跡《あしあと》が止まったときは死《し》だ」と言っています。足跡《あしあと》は、人間に見えようが見えまいが、生きている間中、ついているということです。

雪は動物《どうぶつ》がいたことをはっきりと見せてくれます。秋にはほとんど何もいないと思っていた小屋《こや》の周《まわ》りにたくさんの動物《どうぶつ》の足跡《あしあと》があることがわかりました。キツネのほかに、ノウサギ、テン、リス、ニホンカモシカが来ていました。ときどきタヌキやアナグマの足跡《あしあと》もあります。

この足跡《あしあと》を見ると、どっちへ歩いていったかがわかります。ノートと地図と磁石《じしゃく》と、万が一のための食料《しょくりょう》などを持《も》って足跡《あしあと》の追跡調査《ついせきちょうさ》です。かつて新潟県《にいがたけん》の長岡《ながおか》でやったノウサギの調《ちょう》査《さ》を思い出しました。そのときの知識《ちしき》が今、役《やく》に立っているのです。でも、今度《こんど》は一人《ひとり》だし、どこかで迷《まよ》ったり、事故《じこ》にあったら終《お》わりです。なにしろ、だれもいない富士山《ふじさん》ですから。

奇妙《きみょう》な登山者《とざんしゃ》

一月のある日、大雪が降《ふ》りました。小屋《こや》のあたりで一メートルもありました。いつものように小屋《こや》からブルドーザーを出し、まずは下界《げかい》へ向《む》かって除雪《じょせつ》をします。これだけの雪があると、ブルドーザーでもたいへんです。ゴーッというエンジン音をひびかせ、ブルドーザーで下っているときふっと気づきました。新しい雪の上に足跡《あしあと》があるのです。「おやっ？　ヘンだな～」と思ったのです。それは人間のものでした。

変《へん》だなと思ったのは、靴跡《くつあと》が登山靴《とざんぐつ》じゃなかったからです。登山靴《とざんぐつ》だとするとギザギザの足《あし》跡《あと》が残《のこ》りますが、それはツルッとしており、ふつうの革靴《かわぐつ》の跡《あと》だったのです。しかも積雪《せきせつ》は一メートルもあります。ところどころ、深《ふか》い雪をかき分けて、登《のぼ》ってきていました。U《ユー》ターンして戻《もど》ると、その足跡《あしあと》は小屋《こや》の前を過《す》ぎていました。

新雪に残《のこ》されたノウサギやキツネたちの足跡《あしあと》。

「フーム、変《へん》だな……」と考えながら、小屋《こや》でコーヒーを飲《の》んでひと休み。そして、ブルドーザーに燃料《ねんりょう》を入れていました。そのときです。小屋《こや》の入り口で小さな声がしました。「こんちは」と。ふりむくと、ボクと同じくらいの年齢《ねんれい》の男の人が立っていました。「やあ、こんちは」と、返事《へんじ》をしながら、久しぶりの人間だけど変《か》わった人だ、と思いました。ボクはダウンジャケットに登山靴《とざんぐつ》、毛糸の帽子《ぼうし》でしたが、彼《かれ》は黒いレインコートに背広《せびろ》、ふつうの革靴《かわぐつ》……。そうか、足跡《あしあと》の主《ぬし》はこの人だ、と内心思いました。

「ちょっと寒《さむ》くて……。ストーブに当たらせてください」と言います。「どうぞ」と言いながら、ボクは燃料《ねんりょう》ポンプを回していました。なにしろ電気がないので、燃料《ねんりょう》をドラム缶《かん》からブルドーザーへ入れるのに、手回しポンプを使《つか》うのです。一〇〇リットルも入れると腕《うで》がだるくなります。無言《むごん》でポンプを回していると、「コーヒーをもらっていいですか?」と彼《かれ》が言いました。ボクは手も休めずにまた「どうぞ」と言いました。

雪が降《ふ》ると、あたりはひときわ静《しず》かになります。ものすごく明るいのにシーンと静《しず》かなのは不思議《ふしぎ》な感《かん》じがします。その中でポンプを回す音だけが「シュッ、シュッ」とひびきます。燃料《ねんりょう》を入れながら、「今日《きょう》はニホンカモシカの足跡探《あしあとさが》しに行こうかな~」などと考《かんが》えていました。ちらっとストーブのほうを見ると、ストーブに抱《だ》きつかんばかりに近寄《ちかよ》っていて、コーヒーを飲《の》んでいます。

しばらくしたとき、その人がポツポツと話しはじめました。「なんか、毎日がいやになっちゃって……」、そして「あなたは一人《ひとり》でいるんですか？　よくさびしくないですね」、「毎日、いるんですか？」などと聞くのです。

「ええ、一人《ひとり》です。でもね、楽しいですよ。動物《どうぶつ》たちがたくさんいて」と答えながら、「これってウソだよな～。動物《どうぶつ》たちなんてあったこともないし……」と思いました。そうです。会っているのは足跡《あしあと》だけ。情《なさ》けない話、秋の終《お》わりのキツネ以来《いらい》、まったく動物《どうぶつ》には出会っていません。でも、そのときは何か明るい話をしなくちゃ……と感じたのです。

「ぼくは横浜《よこはま》に住《す》んでいるんです。でも、いやになって来たんです」と、また「いやになった」とくり返《かえ》します。

「ここにいるとね、いやもなにもないんですよ。あるのは雪だけ。ちょっと雪かきに行ってきますから、ま、温《あたた》まっていてください」と、燃料《ねんりょう》タンクはまだまだいっぱいにはなっていなかったのですが、小屋《こや》を出ることにしました。話をする気力がなくなってしまったのです。

エンジンをかけて、ゴーッと走り出したとたん、下の方から警察官《けいさつかん》が上がってきました。一人《ひと》り、二人《ふたり》、三人……。なぜかギョッとしました。ブルドーザーの免許証《めんきょしょう》は？　なんて言われるかも……と思ったからです。

「いや～、ごくろうさんです。おかげさまで、町から楽に登《のぼ》ってこれましたよ」、「ところで若《わか》い人、来ませんでした？」

ボクは小屋《こや》を指差《ゆびさ》しました。

「今、休んでます」

「オッ、そりゃ良《よ》かった。実《じつ》はね捜索願《そうさくねが》いが出ていて……。富士山《ふじさん》に行ったらしいっていうんで、各登山道《かくとざんどう》で探《さが》していたんですよ」

男の人を連《つ》れて、みんな山を下っていきました。富士山《ふじさん》はもと通りになりました。「何をするのも自由《じゆう》だけれど、人に迷惑《めいわく》をかけちゃイカンよな～」と、一人《ひとり》思ったものです。

カモシカが見ていた

それにしてもあの横浜《よこはま》の人、いったいどこまで行ったのだろう……。ムクムクと好奇心《こうきしん》が湧《わ》いてきました。彼《かれ》の足跡《あしあと》は小屋《こや》の前を通って、ずっと上へ続《つづ》いています。

ブルドーザーに飛《と》び乗《の》ると、上へ向《む》かいました。いくらブルドーザーでも雪上車ではありません。前についているバケットを上げ、進《すす》みます。雪が多くて、バケットに雪が入るとさすがのブルドーザーも登《のぼ》れません。ときどき雪をかきながら進《すす》みますが、足跡《あしあと》はまだまだ続《つづ》いています。

小屋《こや》の標高《ひょうこう》は一三五〇メートルでしたが、もう一五〇〇メートルの地点を過《す》ぎました。雪は二メートルくらいあると思われます。でも、彼《かれ》はラッセル（体で雪をかきわける）しながら登《のぼ》ったのです。ついにブルドーザーのキャタピラが空転《くうてん》して登《のぼ》れなくなってしまいました。でも、足跡《あしあと》はまだ上へ続《つづ》いています。

こうなったら意地《いじ》だ……とばかり、雪の中に飛《と》び降《お》りました。雪をかいて進《すす》みます。「それにしてもすごいパワーだ」と感心《かんしん》しました。もう汗《あせ》が出ています。ほどなく足跡《あしあと》は登山道《とざんどう》からそれ、森の中に入っていたのでホッとしました。

森の中はわりあい歩きやすいものです。ときどきズボッともぐりますが、ラッセルするよりは楽です。そしてついに終点《しゅうてん》に着《つ》きました。見晴《みは》らしの良《よ》い沢《さわ》のふちに、畳《たたみ》一枚分《まいぶん》くらいの広さが平《たい》らにならされていました。

「そうか、彼《かれ》はここで横《よこ》になっていたんだ。でも汗《あせ》をかいていたからじきに冷《ひ》えてきて、寒《さむ》くて寒《さむ》くて、小屋《こや》へ下りてきたっていうわけだ……」
ボクはその場に腰《こし》を下ろしました。そしてボーッと、「人間っていうのは、自分が好《す》きなことを一生懸命《いっしょうけんめい》にやれば、そのことをほかの人の二倍《ばい》も三倍《ばい》もがんばれば、それがもっと好《す》きになるし、楽しくなるのだろうな〜。人生、いやになんかならない」、「死《し》んだらいけない」などと考えました。「それにしても景色《けしき》のいいところだな。初《はじ》めて来た……」とあたりを見回していてビックリしました。正面《しょうめん》の絶壁《ぜっぺき》にニホンカモシカが二頭《とう》、こちらを見ているではありませんか！

もう彼《かれ》のことは忘《わす》れました。「なにしてんだ、あいつ……」なんて二頭《とう》で話し合っているようです。「カメラだ！」と思いました。あいにく〝七《なな》つ道具《どうぐ》〟を持《も》ってきていません。「小屋《こや》までとりに戻《もど》るしかない。また来るまで、そこでじっとしていろよ！」と、コソコソと背中《せなか》を丸めて木々《きぎ》に隠《かく》れるようにして走りました。気があせり、道路《どうろ》に出たとたん深《ふか》い雪の中で転《ころ》がりました。全身《ぜんしん》、雪まみれ！　ブルドーザーはまだ空転《くうてん》した状態《じょうたい》で止まっています。

「クソッ、急《いそ》げ！」と、ブルドーザーに声をかけます。返事《へんじ》なんかあるわけない。「落《お》ちつけ、落《お》ちつけ、さもないと事故《じこ》るぞ！」と自分に言い聞かせます。そうです。あわてちゃいけない。ブルドーザーがひっくり返《かえ》ると、まず助《たす》かりません。両《りょう》わきに大きくキャタピラが出ています

がけの上からボクのことをじっと見ていた2頭《とう》のカモシカ。

が、これで打たれるのだそうです。

あわてなくても、こんなときカモシカは、夕方までたいていそこにいるものなのです。もっともこれはあとでわかったことですがね。

春先の一大事《いちだいじ》

二月も後半になると、毎日、雪との奮闘《ふんとう》が続《つづ》きます。富士山《ふじさん》は太平洋側《たいへいようがわ》の気象《きしょう》ですから、真《ま》冬《ふゆ》よりも春先に雪が多いのです。

一人《ひとり》で冬の富士山《ふじさん》にいると、いろいろなことを学びます。とくに天候《てんこう》です。「決《けっ》して無理《むり》をしてはいけない」とか「注意深《ちゅういぶか》く行動《こうどう》すること」などです。だれも危《あぶ》ないなんて言わないし、それこそ何をするのも自由《じゆう》なのです。天気が安全《あんぜん》か……なんて、町や都会《とかい》にいるときは、台風《たいふう》のとき以外《いがい》、考えたこともないことです。富士山《ふじさん》の中腹《ちゅうふく》にある小富士《こふじ》という小さな山に登《のぼ》ってカモシカの足跡《あしあと》を調《しら》べているとき、突然《とつぜん》、突風《とっぷう》が吹《ふ》いてきました。晴《は》れていたのに、地面《じめん》をおおっている雪が飛《と》び散《ち》り、目も開《あ》けていられません。あたりはまったく見えなくなり、風が吹《ふ》くままにボクは少しずつ森に近づき、やっとのことでブリザードをしのぎました。富士山《ふじさん》は以前《いぜん》から調査《ちょうさ》で歩き回っていたので、帰《かえ》る方向《ほうこう》はだいたいわかりますが、ともかく用心しないとたいへんなことになるのです。

重《おも》たいセメント袋《ぶくろ》を運《はこ》んでいたときのことです。一袋《ふくろ》が二〇キログラム、それを十袋《ぶくろ》、ジープから投《な》げ下ろし、小屋《こや》の中に入れようとしました。「ヨイショ、ヨイショ」と声を出して運《はこ》び、ようやく最後《さいご》の一袋《ふくろ》になってほっとしたときです。ホイと持《も》ち上げようとしたとき、腰《こし》にガーンという猛烈《もうれつ》な痛《いた》みが走り、その場に倒《たお》れてしまいました。いわゆる〝ギックリ腰《ごし》〟でした。

みなさんは〝ギックリ腰《ごし》〟なんていうときっと笑《わら》うでしょう。ボクもそのときまでは、人が

「いや～、まいりましたよ。ギックリ腰《こし》になりましてね～」なんていうと、思わず笑《わら》ったものでした。そんなに痛《いた》くてひどいものだとは知らなかったし、「ギックリ」なんて名前がおかしいじゃありませんか。

でも、痛《いた》みは半端《はんぱ》じゃないのです。そりゃそうです。腰《こし》の脊椎骨《せきついこつ》の間にある小さな骨《ほね》がずれるのですから。どんな痛《いた》みかというと、背骨《せぼね》の間を針《はり》で突《つ》っつかれているようです。「ウーッ」といったまま、雪の中に倒《たお》れていました。少しでも体を動《うご》かすと、ズキーンと針《はり》が刺《さ》さったように感《かん》じるのです。雪の中に横《よこ》たわりながら考えました。「このまま横《よこ》になっていても仕方《しかた》がないな。なんとか医者《いしゃ》に行かなくては」と思うのですが、動《うご》けません。だんだん体が冷《ひ》えてきました。

そして夕暮《ゆうぐ》れが近づいてきたのです。これで決心《けっしん》しました。なにがなんでも起《お》き上がってジープに乗《の》り、須走《すばしり》の町まで下りよう……と。ジープのところまで雪の上をはっていきました。「イテテ」とか「ウォー！」とか叫《さけ》びながら、少しずつジープにつかまって立ち上がりました。ま、だれもいないから、どんなに叫《さけ》んだってはずかしくありません。

そしてようやくにして運転席《うんてんせき》に座《すわ》りましたが、まだまだ痛《いた》いことをたくさんしないとジープは動《うご》かないのです。クラッチというペダルがありますが、これを左足でグッと踏《ふ》まないとギアが入らないのです。走ったら走ったで、ゆれますから、もう泣《な》き出しそうでした。でもね、泣《な》いたってだれも助《たす》けてはくれませんから、うなりながら須走《すばしり》の町の林先生の部屋《へや》に倒《たお》れこんだのです。そしてコタツにスイッチを入れてもぐりこみました。もう動《うご》けません。ポカポカ気持《きも》ちがいいし、そのままずっと寝《ね》てようと思ったのですが、まだたいへんな作業《さぎょう》が残《のこ》っていました。トイレです！

東京の大工《だいく》さんに電話したら、やっぱり「ハッハハハ……」と笑《わら》われました。「キヤリ（ギックリ腰《ごし》のこと）四十九日《しじゅうくにち》と言ってね、四十九日たてば治《なお》りますよ」……だって。そんなに笑《わら》わなくてもいいのに……と思ったものです。

野ネズミ・ウォッチング

富士山《ふじさん》は、春から夏にかけてはとても気持《きも》ちのいいところです。リスやノウサギ、カモシカなどに赤ちゃんが生まれている季節《きせつ》ですから、調査《ちょうさ》にも気が入ります。毎日、暗《くら》くなるまで山の中を歩き回っていました。

そんなある日、野ネズミ・ウォッチングをやることにしました。まず山小屋《やまごや》の裏《うら》の森にヒマワリの種《たね》を小皿《こざら》に十粒《つぶ》ずつ入れて、十か所《しょ》ほどに置《お》きます。ときどき見回ってヒマワリの種《たね》が減《へ》ったかどうかを確《たし》かめます。いちばんヒマワリの種《たね》が減《へ》ったところを観察場所《かんさつばしょ》に決《き》めます。そしたら、自分が座《すわ》る場所《ばしょ》に発電機《はつでんき》から電線《でんせん》を引いて、赤い電灯《でんとう》で照《て》らすようにします。野ネズミなど夜行性《やこうせい》の動物《どうぶつ》は赤い光を感《かん》じないけど人間には見えるから、観察《かんさつ》には都合《つごう》が良《よ》いのです。夕方、日が沈《しず》んだころから、毛布《もうふ》などの防寒具《ぼうかんぐ》やノートを用意《ようい》して観察場《かんさつば》に座《すわ》り、じっと野ネズミが現《あらわ》れるのを待《ま》つのです。

最初《さいしょ》に出てきたのはアカネズミでした。大きな後《うし》ろ足と目が特徴《とくちょう》です。ピョンと跳《と》んでやってくると、小皿《こざら》のヒマワリの種《たね》を一つは口に入れ、もう一つはくわえて、ピョンと消《き》えていきます。三分から十分すると、また現《あらわ》れます。巣穴《すあな》に運《はこ》んだり、近くに浅《あさ》い穴《あな》を掘《ほ》って埋《う》めたりしているのです。アカネズミがいなくなったとき、ちがうネズミが登場《とうじょう》しました。ヒメネズミです。小さくて、シッポが長い野ネズミです。小皿《こざら》のところで種《たね》を一粒《つぶ》くわえると、急《いそ》いで消《き》えました。そこへ先ほどのアカネズミがやってきました。でも、ネズミは数を数えられませんから、ヒメネズミのことは気づかないようです。においで「おやっ」と思ったかもしれません。

何回か両方《りょうほう》のネズミが現《あらわ》れたり消《き》えたりしているうちに、ついに鉢合《はちあ》わせしました。ヒメネズミが小皿《こざら》のところに近づいたときに、アカネズミが現《あらわ》れたのです。アカネズミが攻撃《こうげき》しました。「チューチューチュー」と悲鳴《ひめい》を上げて小さなヒメネズミが退散《たいさん》しました。ヒメネズミは次《つぎ》からは用心深《ようじんぶか》く、離《はな》れたところから小皿《こざら》を見ています。アカネズミがやってきて、ヒマワリの種《たね》をくわえていなくなってすぐ、ヒメネズミは小皿《こざら》のところにやってきました。なかなか利口《りこう》です。

何日か観察《かんさつ》してから、今度《こんど》は実験《じっけん》をしてみることにしました。アカネズミは開《ひら》けた草原《そうげん》が好《この》みの生息場所《せいそくばしょ》で、ヒメネズミは深《ふか》い森が好《この》みです。それでアカネズミはジャンプが得意《とくい》ですが、木登《きのぼ》りは苦手《にがて》です。ヒメネズミはこの逆《ぎゃく》。ジャンプよりも木登《きのぼ》りが得意《とくい》なのです。これを確《たし》かめる実験《じっけん》は、こうです。

細い棒《ぼう》(角材《かくざい》)を渡《わた》らないと、食《た》べ物《もの》の入った小皿《こざら》に近づけないようにしたのです。最初《さいしょ》は太い棒《ぼう》を使《つか》って、アカネズミにもヒメネズミにも棒《ぼう》を渡《わた》ることを覚《おぼ》えさせます。何回かやると、覚《おぼ》えます。そうしたら、実験用《じっけんよう》の細い棒《ぼう》に変《か》えます。

一辺《ぺん》が五ミリメートルの角材《かくざい》までは、アカネズミもヒメネズミもスイスイと渡《わた》ってヒマワリの種《たね》を持《も》ち去《さ》りました。ところが三ミリメートルになると、アカネズミはうまく渡《わた》れません。

けんかに強いアカネズミは細い棒《ぼう》が苦手《にがて》。細い棒《ぼう》の上で立ち往生《おうじょう》。

途中で体のバランスをとるために、まごまごしてしまうのです。ヒメネズミのほうは相変《あいか》わらずスイスイと渡《わた》ります。長いしっぽがバランスをとるのに役《やく》に立つのです。けんかでは強いアカネズミも、これにはどうしようもありません。ヒメネズミがスイスイと渡《わた》るのを、遠《とお》くからいまいましそうにながめていました。

自然《しぜん》の森でもこのような場所《ばしょ》がたくさんあるはずです。だからけんかには弱いヒメネズミも、アカネズミといっしょの森で暮《く》らせるのですね。

夜の森にひびく音

夜の森の地面《じめん》に座《すわ》り、静《しず》かにしているといろいろな音がします。野ネズミが枯《か》れ葉《は》をカサコソと鳴《な》らすのも聞こえますが、意外《いがい》と多いのが、小枝《こえだ》などが落《お》ちる音です。「カサカサッ、ポキッ」、そして「シーン」となるのです。森の夜が初《はじ》めての人は、いろいろな音がするのに驚《おどろ》きます。夜の森《もり》がこわい人は、たいへんです。

その年、ぜひ「野ネズミ・ウォッチング」をやりたいという人が富士山《ふじさん》にやってきました。まずは観察《かんさつ》の仕方《しかた》を教えます。そして暗《くら》くなりはじめたころ、「十二時ころ、迎《むか》えにきます。じゃ、ボクは小屋《こや》にいますから……」と言って、森の奥《おく》にお客《きゃく》さんを一人残《ひとりのこ》してきました。

「さてと、徹夜《てつや》になるかもしれないから、少し休んでいようかな〜」と、横《よこ》になろうと思ったのですが、小屋《こや》につけた電灯《でんとう》の光にたくさんの虫が集《あつ》まってきているのに気づきました。「そうだ、今晩《こんばん》は昆虫採集《こんちゅうさいしゅう》をやろう！」と決《き》めたのです。でも、ほとんど「ガ」ばかり。種類《しゅるい》の名前もわからないので、中止。寝袋《ねぶくろ》にもぐりこみました。そして、山にいるときはまったく読《よ》まない本を読《よ》みはじめました。でもなれないことをするものじゃありません。じきに眠《ねむ》くなってしまったのです。

ウトウトとしていたときです。ドアが「ドンドンドン」とたたかれたのです。飛《と》び起《お》きました。だれか来たのですが、時《と》計《けい》を見るとまだ夜の九時。ウォッチングを始《はじ》めてから二時間しかたっていません。ですから、ウォッチングをしている人ではないでしょう。

ゆっくりとドアを開《あ》けようとすると、グワーッとドアが押《お》されて、人が飛《と》びこんできたのです。ウォッチングの彼《かれ》でした。「変《へん》なものが来たんです！」と震《ふる》えるように言いました。

「まさかっ!?」そんな「変《へん》なもの」、ボクは一度《ど》も出会ったことはありません。「クマ？」と聞くと、わからない……というのです。富《ふ》士《じ》山《さん》の奥《おく》ではクマの糞《ふん》や爪《つめ》跡《あと》に出くわしたことがありますが、小《こ》屋《や》の周《まわ》りには、まずクマは来ません。

くわしく聞くと、だいたい次《つぎ》のような話でした。

「暗《くら》くなって間《ま》もなく、森の奥《おく》からポキッ、ポキッと小《こ》枝《えだ》を踏《ふ》んで歩いてくるものがいたんです。その音はだんだんこっちに近づいてきたんで、私《わたし》は地《じ》面《めん》に伏《ふ》せて、隠《かく》れたのです。なんか黒くて大きなものがグワーッときたので、ずっと地《じ》面《めん》に伏《ふ》せて、じっとしていたのです。だんだん寒《さむ》くなってきたけど、我《が》慢《まん》して伏《ふ》せていました。それからふっと音がしなくなったので、

ムササビは夜行性《やこうせい》。手足の間に飛膜《ひまく》があり、木から木へ滑空《かっくう》する。

思い切って小屋《こや》まで走ってきた……」と。

「じゃー、ヒメネズミなんかは見なかったのですか？」と聞くと、「もちろん。今泉《いまいずみ》さんがいなくなってじきに変《へん》なものがやってきたんですから……」という彼《かれ》。残念《ざんねん》ながら、これは小枝《こえだ》が落《お》ちる音です。でも彼《かれ》には言いませんでした。そんなこと言ったら、「弱虫！」と言うのと同じですからね。

でも、森の中で観察《かんさつ》していて本当にビックリすることもたしかにあります。すぐそばで突然《とつぜん》、バサーッと音がしたかと思うと、「グワーッ、グワーッ、グワーッ」と鳴《な》かれたときです。腰《こし》がぬけそうになりました。これは初《はじ》めてムササビに出くわしたときです。人間というのは、最初《さいしょ》はこわくても、森のことがわかれば、だんだんこわくなくなるものなのですよ。

ワナにかかったクマ

「やれやれ、夜の森がこわい人にも困《こま》ったもんだ」と思っていた数日後《すうじつご》、営林署《えいりんしょ》の人が小屋《こや》にやってきました。「この下のミツバチを放《はな》しているところで、ツキノワグマがワナにかかったそうですよ」と教《おし》えてくれました。

早速《さっそく》、ジープに乗《の》って調《しら》べにいきました。

富士山《ふじさん》にはツキノワグマはいますが、多くはありません。きっと三〇～四〇頭《とう》くらいしかいないのだと思います。初夏《しょか》のころのクマは、おなかはすいているし、オスとメスが出会う季節《きせつ》だし、メスだったら子グマを連《つ》れているし……と、とてもいそがしいのです。

重《おも》たい体ですがとても身軽《みがる》で、細い木でもスルスルと登《のぼ》って、若葉《わかば》を食べたりもします。クマはそんなとき枝《えだ》にまたがって座《すわ》り、手の届《とど》く範囲《はんい》の枝《えだ》を引《ひ》き寄《よ》せては若葉《わかば》を食べ、その枝《えだ》をおしりの下に折《お》り曲《ま》げて敷《し》くので、クマが立ち去《さ》ったあとは、円《まる》く集《あつ》められた座布団《ざぶとん》のようになった枝《えだ》が残《のこ》ります。これを「クマ棚《だな》」といって、枝《えだ》の折《お》れたところの様子《ようす》で、クマがいつごろ来ていたのかがわかります。

このクマが、野ネズミ・ウォッチングの人のところに来たのかな、とチラッと思いましたが、ぜったいにちがうでしょう。クマだったら、二時間も同じあたりをうろうろしていることはないからです。それにクマはとても用心深《ようじんぶか》く、人の気配《けはい》を感《かん》じたらすぐに逃《に》げ去《さ》ってしまいます。

でこぼこ道を下っていくと、森の木がすっかり切り払《はら》われて、広い野原のようになったところに出ました。そこで養蜂家《ようほうか》がミツバチの巣箱《すばこ》を並《なら》べて、ハチミツを集《あつ》めていました。四角い木箱《きばこ》が並《なら》んでいるのですぐにわかります。ジープを降《お》りて広場の周《まわ》りを調《しら》べてみました。すると、茂《しげ》みの中にがんじょうな鉄《てつ》の檻《おり》があるのを見つけました。中にクマはいませんでしたが、鉄棒《てつぼう》に真新《まあたら》しい傷《きず》がたくさんついていました。

「きっとこのワナにかかったにちがいない。でももう始末《しまつ》されてしまったらしい……」と感《かん》じました。富士山《ふじさん》では毎年クマが一頭《とう》くらい、ワナや銃《じゅう》で捕《と》らえられています。人に危害《きがい》を加《くわ》えるからとか、農作物《のうさくぶつ》などを荒《あ》らすからということなのですが、たいていは〝熊《くま》の胆《い》〟をとるためにつかまえるようです。なにしろ熊《くま》の胆《い》は、漢方薬《かんぽうやく》の原料《げんりょう》として高く売れるからです。

身軽《みがる》に木に登《のぼ》るツキノワグマ。ふつう首もとに三日月形《みかづきがた》の模様《もよう》がある。

あわれなクマはハチミツの香《かお》りにつられて、やってきたのでしょう。

アメリカのイエローストーンやヨセミテ国立公園《こくりつこうえん》のクマのことを思い出しました。日本ではつかまえるとすぐに殺《ころ》してしまいます。危険《きけん》だから……です。日本は国土がせまくて、人間と隣《とな》り合わせに生活しているから、危険《きけん》なのでしょうか。それだけではないと思います。日本人は野生《やせい》動物《どうぶつ》を見たとき、おとなしいといわれているシカなどの動物《どうぶつ》だと、まるでイヌやネコに接《せっ》するように平気《へいき》で近づくくせに、こわいといわれている動物《どうぶつ》だと「キャーッ」とかいって騒《さわ》いだり走って逃《に》げたりします。

山で出会った野生動物《やせいどうぶつ》は、遠くから静《しず》かに観察《かんさつ》すること、こちらへ来そうだったらゆっくり立ち去《さ》ること、いよいよ近づいてきたら知らんふりをすること、攻撃《こうげき》される気配《けはい》だったら戦《たたか》うこと……などの心構《こころがま》えが大切ではないかと思うのです。

富士山頂《ふじさんちょう》にやってくる動物《どうぶつ》

夏になると須走口登山道《すばしりぐちとざんどう》をバスが上《のぼ》っていくようになります。夏だけ、富士登山《ふじとざん》をする人たちのために、運行《うんこう》されるのです。上《のぼ》っていくバスのお客《きゃく》さんたちはニコニコして元気ですが、下りてくるバスの人たちはみんなグッタリしています。ボクはそんな人たちをながめながら、「今年は頂上《ちょうじょう》まで行ってみないとダメかもな~」と感《かん》じていました。

というのは、東京の国立科学博物館《こくりつかがくはくぶつかん》に戻《もど》ったときなどに「富士山《ふじさん》で仕事《しごと》をしています」と言うと、富士山頂《ふじさんちょう》で仕事《しごと》をしていると思う人が多いらしいのです。「そりゃ、たいへんですね。寒《さむ》いでしょう」とか、「岩ばかりなのに。どんな動物《どうぶつ》がいるんですか」、「もう何回くらい頂上《ちょうじょう》

富士山《ふじさん》の五合目あたりでよく見かけるホシガラス。

に行ったんですか」とか言うからです。気象庁《きしょうちょう》の富士山測候所《ふじさんそっこうじょ》の人たち、山頂《さんちょう》の山小屋《やまごや》の人たちなど以外《いがい》は、富士山頂《ふじさんちょう》で仕事《しごと》をしている人はいないのに……。

そのたびごとに「いえ、富士山《ふじさん》といってもふもとの森の中なんです。へへへへ」と、返事《へんじ》をくり返《かえ》します。何年間も富士山《ふじさん》の調査《ちょうさ》をしてきましたが、一回も頂上《ちょうじょう》に行ったことはなかったのです。

富士山《ふじさん》は日本一の高山。岩だらけで山頂《さんちょう》に動物《どうぶつ》はほとんどすんでいません。でも、山頂《さんちょう》の測候所《そっこうじょ》の人たちはいろいろな動物《どうぶつ》がやってくることを記録《きろく》しています。秋から冬、そして春にはキツネがよくやってくるそうです。ある冬にはイノシシがかけ上がってきて、「お鉢《はち》」（山頂《さんちょう》の火口のことで、くぼんでいる）に落《お》っこちて死《し》んでしまったといいます。下界《げかい》でハンターや猟犬《りょうけん》に追《お》い回されて、山頂《さんちょう》まで逃《に》げてきたもののようです。ニホンカモシカも真冬《まふゆ》にひょっこり顔を出すそうです。

そのほか、アカネズミやヒメネズミ、ハタネズミ、カゲネズミ、そしてヤマネも〝保護《ほご》〟されています。人間生活に寄生《きせい》するドブネズミももちろんいます。不思議《ふしぎ》なのは、夜の森で木から木へと滑空《かっくう》するモモンガとムササビがやってきたことです。木もないし食《た》べ物《もの》もないし……。ひょっとしたら、滑空中《かっくうちゅう》に強風にあおられて山頂《さんちょう》まで飛《と》んできたのかな、なんて思いたくなります。

実際《じっさい》、昆虫《こんちゅう》は風に飛《と》ばされて山頂《さんちょう》までやってくることが多いのです。アゲハチョウ、キアゲハ、カラスアゲハ、アサギマダラなどのチョウ類《るい》、アカトンボはよく見るそうです。このほかアブやハチ、ガ、ハエ、カミキリムシなど五〇種類《しゅるい》も記録《きろく》されています。

そこで、ボクも富士山頂《ふじさんちょう》まで行ってみようと決心《けっしん》しました。いろいろ調《しら》べてみると、天気がよければ何時間かで戻《もど》ってこれそうです。なにしろ富士登山競争《ふじとざんきょうそう》の選手《せんしゅ》は二時間四〇分で頂上《ちょうじょう》に着《つ》きます。しかもこれは富士吉田市役所前《ふじよしだしやくしょまえ》からです。標高差《ひょうこうさ》は三〇〇〇メートルもあります。ボクは五合目までジープで行ってからですから、標高差《ひょうこうさ》は一七〇〇メートルくらい。いつも森を歩き回っているボクですから、これなら簡単《かんたん》……だと思ったのです。

「でも待《ま》てよ、万が一……ということもあるからな。まっ、水と食《た》べ物《もの》、雨具《あまぐ》と防寒具《ぼうかんぐ》は持《も》っていくか」と、富士登山《ふじとざん》を決心《けっしん》したのです。

やっぱり疲《つか》れた〜、富士登山《ふじとざん》

富士登山決行《ふじとざんけっこう》の日まで入念《にゅうねん》に天気図を見ていました。夏は台風《たいふう》が来ますから、注意《ちゅうい》が必要《ひつよう》です。新聞《しんぶん》の天気図の下の方に台風《たいふう》が登場《とうじょう》したら、富士山《ふじさん》ではもう影響《えいきょう》が出ています。真夏《まなつ》であっても、山頂《さんちょう》で雪が降《ふ》ることもあります。

その日は快晴《かいせい》。標高《ひょうこう》一三五〇メートルにある馬返《うまがえ》し小屋《ごや》も真夏《まなつ》です。昼過《ひるす》ぎに小屋《こや》にかぎをかけて、五合目に向《む》かいました。顔見知りの茶屋《ちゃや》のおばさんに「今日《きょう》はちょっと頂上《ちょうじょう》まで行ってきますから」と声をかけました。「あれあれ、気をつけてね」と心配顔《しんぱいがお》で言われましたが、ニコニコしていました。

登《のぼ》りながら地図を広げて、木や草が生《は》えている様子《ようす》などを書きこみ、写真《しゃしん》を撮《と》ります。鳥がいればこれも待《ま》ったりして撮《と》ります。その間もたくさんの登山者《とざんしゃ》たちがスイスイとボクを追《お》い越《こ》していきます。

植物《しょくぶつ》の先生が話していたことを思い出しました。ボクたちがふだん暮《く》らしている平地《へいち》にあたりまえに生《は》えているオオバコという草がありますが、この草はもともと、富士山《ふじさん》の上の方にはない種類《しゅるい》です。でも、人間の靴《くつ》に種《たね》がついて、だんだん富士山《ふじさん》の上の方でも見られるようになってきた……というのです。植物《しょくぶつ》も登山《とざん》をするんだ、と感心《かんしん》したものです。

植物《しょくぶつ》のことはまったく知らないので、写真《しゃしん》に撮《と》るしかありません。メモをとりながら、写真《しん》を撮《と》り、地図に記録《きろく》する……なんていうことをやっていたら、すっかり時間がたってしまいました。まだ七合目なのに夕暮《ゆうぐ》れが近づいてきたのです。とくに登山道《とざんどう》は富士山《ふじさん》の東斜面《ひがししゃめん》にありますから、太陽《たいよう》が富士山体《ふじさんたい》に隠《かく》れるのが早いのです。八合目に着《つ》いたときにはもう暗《くら》くて写真《しゃしん》は撮《と》れなくなっていました。

このころからです。異変《いへん》が起《お》こりはじめたのは。

風邪《かぜ》をひいたときのように頭痛《ずつう》がしてきたのです。次《つ》いで足が重《おも》くなってきました。気のせいでなく心臓《しんぞう》がドキドキしています。軽《かる》い高山病《こうざんびょう》にかかっていたのです。まわりの登山者《とざんしゃ》の

富士《ふじ》山頂《さんちょう》でたくさんの人たちと日の出を迎《むか》える。

中にも高山病にかかった人がいて、何人か道のわきに横《よこ》たわっています。山小屋《やまごや》はたくさんあるのですが、どこも満員《まんいん》に近い状態《じょうたい》です。

夕方には馬返《うまがえ》し小屋《ごや》に戻《もど》るつもりだったのですが、山頂《さんちょう》で夜を明かすしかなさそうです。

ボクは一気に登《のぼ》りました。〝ご来光《らいこう》〟を山《さん》頂《ちょう》で見ようと思ったのです。やがて薄明《うすあか》るくなってきてたくさん見えていた星がだんだん少なくなりました。朝がそこまで来ているのがわかります。山頂《さんちょう》にはたくさんの人がいて、ボクもやがてのぼってきた太陽《たいよう》をその人たちの間からのぞき見しました。

「おばさん、疲《つか》れた！」と五合目の茶屋《ちゃや》に戻《もど》ったのは、九時を過《す》ぎていました。「たんへんだったでしょう？　ごくろうさん」とニコニコして言われました。行くときはボクがニコニコしていたのに……。あの登山《とざん》バスのお客《きゃく》さんたちの気《き》持《も》ちがよ～くわかりました。

東京の泉《いずみ》先生に会ったとき「富《ふ》士《じ》山《さん》に登《のぼ》ったんです！」とすぐに言いました。そうしたら、ニコニコしながらあの茶《ちゃ》屋《や》のおばさんと同じことを言われてしまいました。泉《いずみ》先生もちゃんと富《ふ》士《じ》登《と》山《ざん》の苦《くる》しさを知っていたのです。

Ⅳ 日本の貴重《きちょう》な動物《どうぶつ》たち

西表島《いりおもてじま》の予備調査《よびちょうさ》

ボクが初《はじ》めてイリオモテヤマネコにあったのは、国立科学博物館《こくりつかがくはくぶつかん》の中に設《もう》けられた飼育室《しいくしつ》でのことでした。

泉《いずみ》先生のところに顔を出したとき、「ちょっと見せたいものがあるんだがね～」と、ボクが来るのを待《ま》っていたかのように言ったのです。ノコノコついていくと、「飼育室《しいくしつ》」と書かれた部屋《へや》に入りました。一年中、温度《おんど》も湿度《しつど》も一定《いってい》にできる真新《まあたら》しい部屋《へや》です。

「なにを飼《か》っているんだろう……？」

部屋《へや》に入っていくと、大きな檻《おり》がありました。「ウッ！」と思わず口を押《お》さえたくなるにおいです。でもそこでウッなんて言ったら、失礼《しつれい》に当たるからグッとこらえます。

「ほら」と、泉《いずみ》先生はうれしそうにのぞきこみました。「フーッ」と相手《あいて》が怒《おこ》っています。

「イリオモテヤマネコですよ。戸川《とがわ》先生のお宅《たく》で飼《か》われていたのを引き取《と》ってきたのです」

「えっ？　イリオモテヤマネコ！」

そこには、たしかに二頭のイリオモテヤマネコがうなっていました。

イリオモテヤマネコは、泉《いずみ》先生が一九六七年に新属新種《しんぞくしんしゅ》のヤマネコとして発表《はっぴょう》したものです。沖縄県《おきなわけん》の西表島《いりおもてじま》で見つけて、最初《さいしょ》の標本《ひょうほん》を持《も》ち帰ったのが作家の戸川幸夫《とがわゆきお》先生。研究用《けんきゅうよう》に生《い》け捕《ど》られた二頭《とう》のイリオモテヤマネコは、しばらく戸川《とがわ》先生のお宅《たく》で観察《かんさつ》するために飼《か》われていたのです。

「ヤマネコは、何時ころ眠《ねむ》って何時ころ起《お》きるのか。どんな生《い》き物《もの》をどうやって食べるのか、どのくらい食べるのか。そういうことを調《しら》べようと思ってね」

泉《いずみ》先生はイリオモテヤマネコの飼育《しいく》をしながら研究《けんきゅう》を進《すす》め、ボクのほうはその後、富士山《ふじさん》での動物調査《どうぶつちょうさ》に没頭《ぼっとう》するようになるのです。

そして、久《ひさ》しぶりに富士山《ふじさん》を下りて、泉《いずみ》先生のところに顔を出しました。泉《いずみ》先生は元気でしたが、何か考えていました。ちょっと困《こま》ったような顔をしながら、ボクに話を切り出しました。

「実《じつ》はね、西表島《いりおもてじま》に行ってほしいんですが……。大丈夫《だいじょうぶ》ですかね、富士山《ふじさん》のほうは」と。

前々《まえまえ》からの約束《やくそく》でしたから、すぐに林《はやし》先生に連絡《れんらく》し、OK《オーケー》をもらいました。

一九七二年十一月半《なか》ば、西表島《いりおもてじま》でまずは予備調査《よびちょうさ》です。どのようにイリオモテヤマネコを調《しら》べればよいか、計画《けいかく》を立てるためです。この調査《ちょうさ》には、ドイツからネコの行動《こうどう》を調《しら》べているライハウゼン博士《はかせ》と鳥類《ちょうるい》の専門家《せんもんか》で通訳《つうやく》をしてくれるティーデさんも参加《さんか》することになりました。こちらは泉《いずみ》先生。そして琉球大学《りゅうきゅうだいがく》の高良《たから》先生と池原《いけはら》先生が沖縄《おきなわ》で合流《ごうりゅう》します。ボクは毎日、調査《ちょうさ》の準備《じゅんび》で大いそがしになりました。

みなさん、西表島《いりおもてじま》がどこにあるか、知っていますか? 今でこそ便利《べんり》になりましたが、当時はたいへん。沖縄《おきなわ》まで行って、預《あず》けた荷物《にもつ》をすべて引き取《と》ります。空港《くうこう》の反対側《はんたいがわ》まで歩いて、南西航空《なんせいこうくう》に乗《の》ります。それから石垣島《いしがきじま》へ。石垣空港《いしがきくうこう》から港《みなと》までがまたひと苦労《くろう》。西表島《いりおもてじま》へ行く船は一日一便《びん》。この船の出港《しゅっこう》時間は潮《しお》の干満《かんまん》で変《か》わります。西表島《いりおもてじま》には大きな桟橋《さんばし》がなく、サンゴ礁《しょう》に囲《かこ》まれているため海が浅《あさ》いので、満潮時《まんちょうじ》に西表島《いりおもてじま》に着《つ》くようになっているのです。ですからたいていは石垣島《いしがきじま》で一泊《ぱく》し、翌朝《よくあさ》、船《ふね》に乗《の》り、三時間後に西表島着《いりおもてじまちゃく》。東京から丸二日かかったのです。

調査《ちょうさ》の予定《よてい》では、まずはヤマネコの足跡《あしあと》やウンチ探《さが》しです。どんなところにヤマネコが現《あらわ》れるのかを知ろうというわけです。いちばんヤマネコが出てきそうなところを五か所《しょ》ほど探《さが》します。そうしたら今度《こんど》は本当に来るのかどうかを調《しら》べるために、えさを置《お》きます。えさは生きているニワトリです。イヌを庭《にわ》で放《はな》し飼《が》いするときのように、針金《はりがね》を三メートルほど張《は》って、あ

西表国立公園《いりおもてこくりつこうえん》
石垣島《いしがきじま》
テドウ山
小浜島《こはまじま》
石垣《いしがき》
竹富島《たけとみじま》
西表島《いりおもてじま》
黒島《くろじま》
九州《きゅうしゅう》
鹿児島《かごしま》
大隅諸島《おおすみしょとう》
トカラ列島《れっとう》
屋久島《やくしま》
奄美諸島《あまみしょとう》
大島《おおしま》
徳之島《とくのしま》
沖永良部島《おきのえらぶじま》
南西諸島《なんせいしょとう》
沖縄諸島《おきなわしょとう》
薩南諸島《さつなんしょとう》
沖縄島《おきなわじま》
那覇《なは》
先島諸島《さきしましょとう》
宮古列島《みやこれっとう》
宮古島《みやこじま》
琉球諸島《りゅうきゅうしょとう》
八重山列島《やえやまれっとう》

イリオモテヤマネコやオオクイナなど貴重《きちょう》な動物《どうぶつ》が多い西表島《いりおもてじま》。

る程度《ていど》ニワトリが自由《じゆう》に歩けるようにします。雨の多い島《しま》ですから、ビニールで屋根《やね》をつけてその下にニワトリのえさと水を置《お》きます。毎日、えさと水は新しくします。こうするとニワトリは元気でいられ、何日でも生きているのです。ヤマネコに襲《おそ》われないかぎり。それでもニワトリが少しかわいそうになります。

　ヤマネコさえ現《あらわ》れなければ無事《ぶじ》なのですが、ヤマネコが来ないと困《こま》るし……。とても微妙《びみょう》な心境《しんきょう》です。でも、こういうニワトリは「廃鶏《はいけい》」といって養鶏場《ようけいじょう》で卵《たまご》を産《う》まなくなったもので、それを安《やす》く買ってきます。どっちみち粉砕《ふんさい》されてドッグフードや肥料《ひりょう》などに混《ま》ぜられてしまうのです。

「ヤマネコのために最後《さいご》に働《はたら》いて……」と願《ねが》うしかありませんでした。

予備調査《よびちょうさ》は二週間でしたから、朝から晩《ばん》まで動《うご》き回らなくてはなりません。ヤマネコのウンチを見つけると、新しいか古いかを判定《はんてい》し、地図に記入します。そしたらポリ袋《ぶくろ》に入れて、あとで分析《ぶんせき》します。何を食べているのかがわかるのです。そしてニワトリのセット。ニワトリを原野《げんや》にセットすると、朝はえさと水やりに行きます。そのときニワトリの様子《ようす》を見ます。

二週間の調査《ちょうさ》も終《お》わろうとするころ、ヤマネコがよく現《あらわ》れる地点がわかってきました。そして一羽《わ》のニワトリがえじきになったのです。

イリオモテヤマネコの写真《しゃしん》が撮《と》れた！

ニワトリがえじきになった地点で、ボクは、本当にヤマネコが来たのかどうか確《たし》かめるために自動撮影装置《じどうさつえいそうち》をセットしました。

深夜《しんや》、猛烈《もうれつ》な風雨になりました。まるで台風《たいふう》です。なによりも心配《しんぱい》だったのは、ヤマネコが撮影《さつえい》できたかどうかよりも、カメラのことです。雨で濡《ぬ》れたらカメラは壊《こわ》れてしまいます。カメラをビニールで包《つつ》んできましたが、すごい風ですから心配《しんぱい》です。朝になり、すぐにでもカメラを回収《かいしゅう》しにいきたいのですが、ヤマネコは雨の日など薄暗《うすぐら》いときには日中でも活動《かつどう》していることもあり得《え》ますから、十時ころまで待《ま》ちました。

猛烈《もうれつ》な雨の中、カメラをしかけた場所《ばしょ》に行くと、もうニワトリは食べつくされてあしが残《のこ》っているだけでした。ヤマネコが来て食べたのです。「ならば、写真《しゃしん》が撮《と》れているはずだ！」とワクワクしながらカメラのフィルム・カウンターをのぞきこみます。きのうの夕方はゼロにしておきましたから、一とか二になっていれば、その数だけ撮影《さつえい》されたことになります。

カウンターは十枚《まい》を示《しめ》していました。思わず「ヤッター」と叫《さけ》びました。カメラは少し濡《ぬ》れていましたが無事《ぶじ》です。のんびり屋《や》さんの泉《いずみ》先生もさすがにうれしそうです。「よかった、よかった」と。初《はじ》めてカメラをしかけて、十枚《まい》も撮影《さつえい》できたはずなのですから、これはたいへんなことです。

「でも待《ま》てよ、雨でシャッターがショートしてカウンターだけが進《すす》んだのかも……」

今度《こんど》は不安《ふあん》になりました。ともかく現像《げんぞう》してみなくてはわからないのです。泉《いずみ》先生の顔を見ると、何も心配《しんぱい》していない様子《ようす》。「コリャ責任重大《せきにんじゅうだい》だぞ。もし撮《と》れていなかったら……」と、胃《い》のあたりがキュッと痛《いた》くなりました。ですから、西表島《いりおもてじま》からの帰り道のことはあまりよく覚《おぼ》えていません。琉球《りゅうきゅう》大学の先生方やライハウゼン博士《はかせ》と別《わか》れたときのことなど、ほとんど気にしていなかったのです。頭の中はただヤマネコが写《うつ》っていてほしい……との願《ねが》いだけだったのです。

東京へ着《つ》くやいなや、大切に保管《ほかん》してきたフィルムを現像《げんぞう》に出しました。二日後に現像《げんぞう》が仕《し》上《あ》がると言われ、その日の待《ま》ち遠《どお》しかったこと。今ならその日のうちに現像《げんぞう》が終《お》わるし、デジタルカメラならその場でわかります。

現像《げんぞう》が上がるその日はカメラ屋《や》さんの前で、早くからウロウロしていました。新しいカメラを見ているふりをしているのですが、早く出来上《できあ》がらないかな〜と、気もそぞろです。時間がきたと同時に店内に飛《と》びこみました。そしてフィルムを渡《わた》されると、その場で見ました。店員《てんいん》さんがビックリしています。最後《さいご》のほうのコマにヤマネコの姿《すがた》がありました。「あった！　写《うつ》ってる！」と思ったとたん、ニヤッとしてしまいました。そのまま店員《てんいん》さんと顔を合わせてしまい、ちょっとはずかしくなりました。

今度《こんど》は泉《いずみ》先生に電話です。「ホホー、そうですか。写《うつ》ってましたか」と先生はあっさり言いましたが、大喜《おおよろこ》びのはずです。写真《しゃしん》が簡単《かんたん》に撮影《さつえい》できるということは、これからの本調査《ほんちょうさ》がやりやすくなった、ということだからです。

嵐《あらし》の晩《ばん》に現《あらわ》れたイリオモテヤマネコ。１羽《わ》のニワトリが食べつくされた。

いざ、西表島《いりおもてじま》へ

イリオモテヤマネコの姿《すがた》をうまく撮影《さつえい》できたことで、調査《ちょうさ》の方法《ほうほう》が決《き》まりました。調査地《ちょうさち》は、写真《しゃしん》を撮《と》ったあたりを中心に東西およそ五キロメートル、南北およそ八キロメートルの地域《ちいき》を選《えら》びました。面積《めんせき》は西表島《いりおもてじま》のおよそ十分の一、山あり谷あり湿地《しっち》あり、森林と草原が入り交《ま》ざっています。そこに、ヤマネコをおびき寄《よ》せるえさ場を七か所《しょ》設《もう》けます。

一か所《しょ》で一日に与《あた》えるえさの量《りょう》は、国《こく》立《りっ》科《か》学《がく》博《はく》物《ぶつ》館《かん》で飼育《しいく》しているヤマネコのえさの量《りょう》の一割《わり》、およそ四〇グラムの肉です。肉が多すぎると、ヤマネコはそこに居《い》ついてしまうかもしれません。四〇グラムならひと口で食べてしまうし、その肉に小さなプラスチックのラベルを入れても、吐《は》き出しません。えさ場ごとにラベルの色を変《か》えて、ラベルには与《あた》えた日にちがわかるように記号《きごう》をつけます。食べたものはふつう翌日《よくじつ》には排泄《はいせつ》されるので、調査地《ちょうさち》全域《ぜんいき》をはしからはしまで歩き回って、ヤマネコのウンチを探《さが》せば、そのラベルが見つかるはず……です。

ウンチにはヤマネコに与《あた》えたえさ以外《いがい》の動物《どうぶつ》の破片《はへん》も含《ふく》まれていますから、ウンチを分析《ぶんせき》すれば、何を食べたのかもわかります。季節《きせつ》によって食《た》べ物《もの》がちがうのかどうかもわかります。

そして、ヤマネコがえさを食べているとき写真《しゃしん》をたくさん撮《と》り、体や顔にある模様《もよう》でヤマネコの個体識別《こたいしきべつ》をすれば、調査地域《ちょうさちいき》に何頭《なんとう》のヤマネコがいて、どのくらい歩き回っているのか、それをもとに西表島《いりおもてじま》全体《ぜんたい》にはどのくらいの数のヤマネコがすんでいるのかが推定《すいてい》できる！　というわけです。ウンチを分析《ぶんせき》すれば食《た》べ物《もの》がわかるし、最後《さいご》には直接観察《ちょくせつかんさつ》してヤマネコの行動《こうどう》をも記録《きろく》しようということになりました。こうして、イリオモテヤマネコの本調査《ほんちょうさ》の計画《けいかく》が立てられたのです。

「ねえ、泉《いずみ》先生、これで大丈夫《だいじょうぶ》。バッチリですよ」とボクは胸《むね》を張《は》って言ったものの、内心これはたいへんだ、と思っていました。調査地《ちょうさち》をはしからはしまで歩く……って、毎日歩きっぱなしです。七つに分けた調査地《ちょうさち》を、月曜日《げつようび》はここ、火曜日《かようび》はその隣《となり》……というわけです。夕方になったらえさの準備《じゅんび》をしなくてはなりません。

まあ、調査方法《ちょうさほうほう》が決《き》まれば、あとはやるしかない！　あとはなんとかなるだろう……とほかの準備《じゅんび》に取《と》りかかりました。いちばん問題《もんだい》なのは、ミニ・ジープを東京から西表島《いりおもてじま》まで運《はこ》ぶことです。小包《こづつみ》を郵便局《ゆうびんきょく》で出したことはありますが、自動車《じどうしゃ》なんて……どうやって運《はこ》ぶの？と思いました。

船会社《ふながいしゃ》にいろいろ電話してみて、琉球海運《りゅうきゅうかいうん》という会社が東京から沖縄《おきなわ》の那覇《なは》まで運《はこ》んでくれることになりました。那覇《なは》では、港《みなと》にある船会社《ふながいしゃ》の事務所《じむしょ》で「お願《ねが》いしますよ」の連発《れんぱつ》。なんとか石垣島《いしがきじま》までたどりついたのですが、一つ心配《しんぱい》なのは、石垣島《いしがきじま》から西表島《いりおもてじま》まで自動車《じどうしゃ》を積《つ》むような大きな船がない……ことです。

自動車《じどうしゃ》に切手を貼《は》れば、届《とど》けてくれる……といいなあ、と思います。さすがに、のんびり屋《や》のボクも泣《な》きたくなりました。十二月半《なか》ばに東京を出発《しゅっぱつ》し、石垣島《いしがきじま》へ着《つ》いて二週間が過《す》ぎようとしていました。

定期船《ていきせん》「大原丸《おおはらまる》」の甲板《かんぱん》に小型車《こがたしゃ》一台なら積《つ》めるのですが、西表島《いりおもてじま》で収穫《しゅうかく》されたパイナップルの輸送《ゆそう》がピークで、とても車なんか積《つ》むスペースがない、というのです。帰りの便《びん》なら空《あ》いていると思ったのですが、帰りはその空《あ》き箱《ばこ》を積《つ》んでいくので、軽《かる》くはなってもスペースはできないのでした。

「いったい、いつになったら運《はこ》んでもらえますか?」と、毎日港《みなと》へ行って船会社《ふながいしゃ》に聞いていました。するとある日、窓口《まどぐち》のおじさんがニコニコして「あした、シュウテイが来るから、それで運《はこ》べますよ……」と言ってくれたのです。でも、シュウテイって何?

「シュウテイ」とは、米軍《べいぐん》の払《はら》い下《さ》げ品《ひん》の「上陸用舟艇《じょうりくようしゅうてい》」で、戦争《せんそう》のとき兵士《へいし》や車両《しゃりょう》などを海岸《かいがん》から上陸《じょうりく》させるときに使《つか》った船です。船の前がパタンと開《あ》くので、そのまま車を動《うご》かして乗《の》せればいいのです。

工事用《こうじよう》のブルドーザーとか電柱《でんちゅう》を立てるときに使《つか》うトラック、バスなどを島《しま》へ運《はこ》ぶために離島《りとう》を回っていて、石垣島《いしがきじま》にもちょうどやってきた、というわけでした。

これですべてOK《オーケー》です。東京の泉《いずみ》先生に電話しました。「先生、やっとうまくいきました。西表島《いりおもてじま》へ来てください」と。

本格調査《ほんかくちょうさ》が始《はじ》まる

ミニ・ジープの威力《いりょく》はたいへんなものです。どんな古ぼけた道でも、でこぼこの急《きゅう》な坂《さか》でも上《のぼ》っていきます。雨の日は粘土《ねんど》のようになる土なのですが、問題《もんだい》にしません。環境庁《かんきょうちょう》の研究《けんきゅう》費《ひ》とは別《べつ》に、パンダマークの世界自然保護基金《せかいしぜんほごききん》（ＷＷＦ《ダブリュダブリュエフ》）が寄付《きふ》してくれたのです。これがなかったら、きっと調査《ちょうさ》はうまくいかなかったと思います。

調査《ちょうさ》の期限《きげん》は三年しかありません。それこそ、雨の日も風の日も歩き回ってヤマネコのえづけと痕跡探《こんせきさが》し、それと動物採集《どうぶつさいしゅう》です。動物採集《どうぶつさいしゅう》は、西表島《いりおもてじま》にすむあらゆる生《い》き物《もの》、小鳥、コウモリ、ヘビ、カエルなどですが、それを捕《と》らえて標本《ひょうほん》にします。ヤマネコの糞《ふん》から出てきた生《い》き物《もの》の破片《はへん》がなんという動物《どうぶつ》なのかを調《しら》べるために、必要《ひつよう》なものです。

一月になって泉《いずみ》先生がやってきました。古ぼけた家を一軒《けん》借《か》りていましたから、まずはそこで乾杯《かんぱい》です。それまでやった調査《ちょうさ》のことを説明《せつめい》し、これからどうやるかを相談《そうだん》しました。それからボク一人《ひとり》ではとても調査地《ちょうさち》を回りきれないので、もう一人《ひとり》、必要《ひつよう》だとも言いました。こ

東京からやっとのことで運《はこ》ばれたミニ・ジープ。島《しま》で大活躍《かつやく》。

んなつらい調査《ちょうさ》に参加《さんか》する人なんか、そう簡単《かんたん》には見つからないだろう……と思ったのですが、泉《いずみ》先生は簡単《かんたん》に言いました。

「そうでしょう。茶畑君《ちゃばたくん》という馬力《ばりき》のある青年がいるから、その人にたのんであるんです。春になったら来てもらいましょう」

のんびりしている先生でしたが、ちゃんとわかっていたのです。

ある日の夕方、「ヤマネコが活動《かつどう》する夜の森を観察《かんさつ》したいですね」と泉《いずみ》先生が言い出したのには、ビックリしました。当時、先生は胃潰瘍《いかいよう》で、顔色が悪《わる》かったからです。その痛《いた》みというのは半端《はんぱ》じゃありません。すべての気力が失《う》せる痛《いた》みなのです。でも先生が行きたいというのですから、すぐに準備《じゅんび》して出発《しゅっぱつ》です。

懐中電灯《かいちゅうでんとう》で森の木々《きぎ》を照《て》らしながら、車をゆっくりと走らせます。ヒヨドリが眠《ねむ》っていたり、セマルハコガメが道路《どうろ》を横切《よこぎ》ったり、夜の森は動物《どうぶつ》がいっぱいです。赤井田橋《あかいだばし》という小さな橋《はし》を渡《わた》ったときです。すぐそばの枝《えだ》にアオガエルが登《のぼ》っていました。二メートルほどの高さです。

「おっ、アオガエルだ。まだこれはつかまえていない種類《しゅるい》なので、先生、ちょっと待《ま》ってください」と、棒《ぼう》と布袋《ぬのぶくろ》と懐中電灯《かいちゅうでんとう》を持《も》って枝《えだ》の下に行きました。カエルにはこっちに飛《と》んでもらわなくてはなりません。こりゃ難《むずか》しいぞ……と思いながら、棒《ぼう》をカエルのおしりのほうへそっとのばしたときです。先生が「ヘビがいるぞ」と叫《さけ》んだのです。ギョッとして懐中電灯《かいちゅうでんとう》の光を移動《いどう》させたら、ヘビの顔が目に入りました。そのヘビはカエルを飲《の》もうとしてねらいをつけていました。ボクはすぐさま種類《しゅるい》を見極《みきわ》めます。毒《どく》のあるサキシマハブだったら用心しなくてはいけないからです。でも、見たことのないヘビでした。

「カエルよりヘビのほうが貴重《きちょう》だ」と、急遽《きゅうきょ》、獲物《えもの》をヘビに変更《へんこう》です。ヘビをつかまえるには首がポイントです。ヘビを棒《ぼう》でからめとるようにあやつって、地面《じめん》にヘビをそっと下ろした

イワサキセダカヘビは夜行性《やこうせい》。木の上で生活している。

とたん、さっと首根《くびね》っこをつかみました。

こうすればどんなヘビにもかまれません。後《うし》ろのほうに隠《かく》れていた泉《いずみ》先生が、「お〜、うまい、うまい」と言いながら近寄《ちかよ》ってきて、ヘビの顔をじっと見つめました。そして、「フーム、こりゃ珍品《ちんぴん》だ。イワサキセダカヘビだ」とうれしそうです。ボクはそんなヘビの名前は聞いたこともありません。

「いや、このヘビは日本にいくつも標本《ひょうほん》すらないのです。その生きている姿《すがた》を見られるなんて、さすが西表島《いりおもてじま》ですね〜」と泉《いずみ》先生が言いました。

「イワサキ」とは人の名前です。一八六九（明治《めいじ》二）年、仙台《せんだい》で生まれた岩崎卓爾《いわさきたくじ》さんは、中央気象台石垣島測候所《ちゅうおうきしょうだいいしがきじまそっこうじょ》の第《だい》二代《だい》所長《しょちょう》として石垣島《いしがきじま》を訪《おとず》れました。台風《たいふう》や気象《きしょう》の研究《けんきゅう》をしたばかりでなく、八重山《やえやま》地方《ちほう》の文化《ぶんか》や自然《しぜん》をいろいろ調《しら》べ、動植物《どうしょくぶつ》を新発見《しんはっけん》したりもしたのです。新発見《しんはっけん》の動物《どうぶつ》は分類学者《ぶんるいがくしゃ》が調《しら》べて論文《ろんぶん》を出しますが、標本《ひょうほん》をつかまえて送《おく》ってくれた人の名前を、感謝《かんしゃ》の意味《いみ》をこめて、その動物《どうぶつ》につけることが多いのです。

岩崎《いわさき》さんにちなんで名づけられた動物《どうぶつ》には、イワサキワモンベニヘビ（有鱗目《ゆうりんもく》、コブラ科《か》）、イワサキクサゼミ（ヨコバイ目《もく》、セミ科《か》）、イワサキカメムシ（カメムシ目《もく》、カメムシ科《か》）、イワサキシロチョウ（チョウ目《もく》、シロチョウ科《か》）などがあります。

イリオモテヤマネコのウンチ拾《ひろ》い

えさ場にはイリオモテヤマネコが三〜四日おきに現《あらわ》れるようになっていたので、いよいよ肉に目印《めじるし》のラベルを入れよう、ということになりました。泉《いずみ》先生が西表島《いりおもてじま》にいる間に、その方法《ほう》がうまくいくかどうかを知りたかったからです。いったん始《はじ》めたら、二年間、雨でも台風《たいふう》でも、正月でも、毎日山の中などを歩きつづけなければなりません。夜、のんびりと動物《どうぶつ》たちを観察していたひまはなくなります。

調査地《ちょうさち》に行く前に、家で鶏肉《とりにく》に小さなラベルを入れて準備《じゅんび》します。そして七か所《しょ》にしかけます。カメラもセットします。そして翌日《よくじつ》からは、畑《はたけ》、ヤブ、原野《げんや》、森、谷、湿地《しっち》……と歩きます。自分たちで作った地図を持《も》って、できるだけまっすぐに進《すす》むのです。

ヤマネコのウンチを見つけると、ワクワクするようになりました。というのは、中からラベルが出てくるかもしれないからです。ウンチを見つけると、その場でまず大きさを測《はか》り、ピンセットでくずしてラベルが入っているかどうかを確《たし》かめ、ポリ袋《ぶくろ》に入れて、番号《ばんごう》と場所《ばしょ》、おもに何が入っているかを書き、ノートと地図にも書きこみます。

一日、二日……と日が過《す》ぎていきますが、ラベルの入ったウンチは見つかりません。だいたい、調査地《ちょうさち》のウンチはすべて拾《ひろ》ってしまったので、新しいウンチはそう簡単《かんたん》には見つからないのです。泉《いずみ》先生もちょっと考えこみました。「フーム、よい方法《ほうほう》だと思ったんですがね〜」

ちょっとこわいハブがいそうでも、地図とにらめっこして、「ここ！」と思ったところは入っていきます。そして調《しら》べます。もちろん注意《ちゅうい》しています。急斜面《きゅうしゃめん》を下っているとき、ツルッとすべってしりもちをつきますが、そんなときは急《いそ》いで立ち上がります。おしりをハブにかまれたら……たいへんですから。

ヤマネコはえさを食べているし、写真《しゃしん》も撮《と》れていますから、なんとしてもラベルの入ったウンチを見つけなくてはなりません。毎日探《さが》し回っているのですが、いよいよ泉《いずみ》先生が帰る前の日になってしまったのです。少しさびしいし、ウンチが見つからないので、無口《むくち》になってしまいました。

その日は、古いサトウキビ畑《ばたけ》があった空《あ》き地《ち》でウンチを探《さが》していました。ふっと見ると、遠くに泉《いずみ》先生が下を向《む》いて歩いているのが目に入りました。先生も一生懸命《いっしょうけんめい》なのです。どうか一個《こ》でいいから見つけたい！　と願《ねが》いながらゆっくり歩いているのでしょう。

そのとき、先生がしゃがみこみました。こんなときは、何かを見つけたときなのです。草の陰《かげ》になって姿《すがた》が見えなくなったので、そっちへ向《む》かって歩き出したとき、先生がスックと立ち上がりました。そして叫《さけ》んだのです。「オーイ、あったぞ〜」と。ボクは走りました。「やった、やった！」とボクも心の中で叫《さけ》びました。

泉《いずみ》先生の指先《ゆびさき》に、小さなオレンジ色のラベルが見えました。記号《きごう》は……と見ると、「ア」と書《か》いてあります。ボクは、「これは初日《しょにち》のラベルです。場所《ばしょ》はオレンジ色だから、そこです」と指差《ゆびさ》しました。えさ場からわずか四〇メートル……！

あまりに近いので、ちょっと拍子《ひょうし》ぬけしました。でも、いろいろなことが想像《そうぞう》できます。え

調《ちょう》査《さ》地《ち》にしかけた肉を食べるイリオモテヤマネコ。

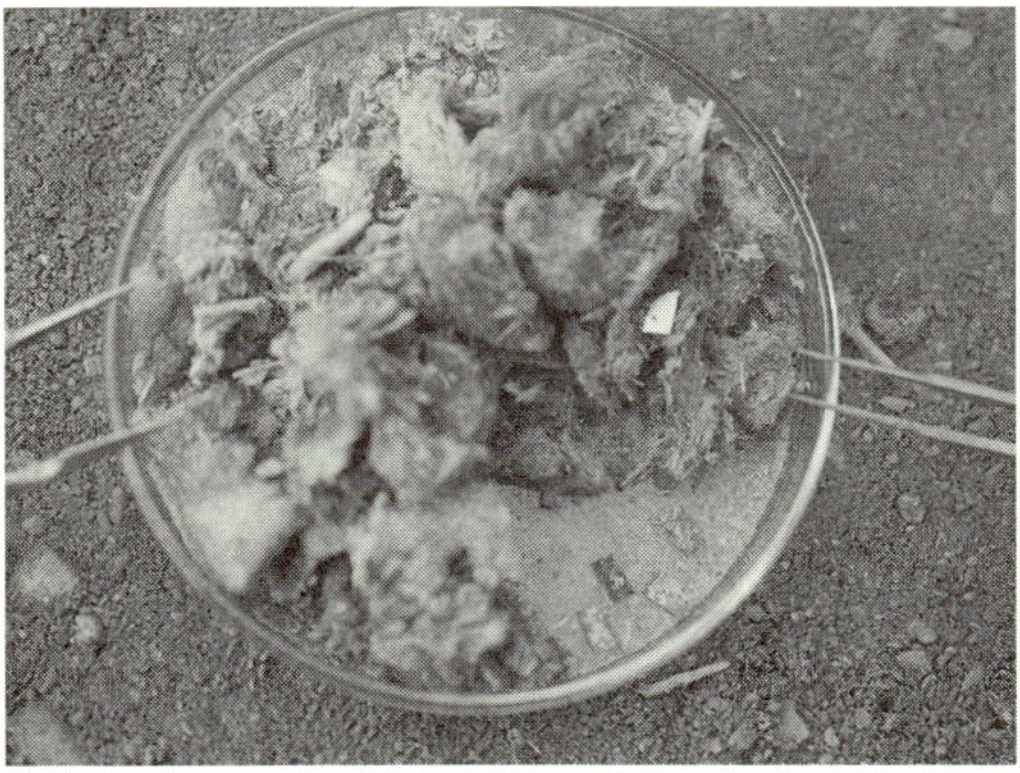

ラベルの入ったウンチを発《はっ》見《けん》。小鳥の羽《う》毛《もう》がまざっていた。

さを食べてすぐにウンチをしたわけではなく、翌日《よくじつ》したのでしょうから、きっとヤマネコは毎日ここに来ているのです。ここのは写真《しゃしん》も撮《と》れていますから、フィルムの現像《げんぞう》が上がれば、どんなヤマネコが来たのかがわかります。

ともかく、ヤマネコに食べさせたラベルを回収《かいしゅう》できることがわかって安心《あんしん》しました。そのウンチの中には、小鳥の羽毛《うもう》がたくさん入っていました。ラベルの入った肉はちょっとですから、どこかで小鳥をつかまえて食べたのでしょう。この羽毛《うもう》も、きれいに洗《あら》って乾《かわ》かせば、種類《しゅるい》がわかるはずでは。

泉《いずみ》先生もボクも急《きゅう》に元気になりました。「先生、よかったですね。でも、先生。指《ゆび》！ ウンチだらけですよ」と言うと、「オッ、いかん、いかん。ハハハハ」と笑《わら》いながらズボンで指《ゆび》をふいたのです！ 先生にはウンチ採集用具《さいしゅうようぐ》を渡《わた》してありません。最初《さいしょ》は棒切《ぼうき》れを拾《ひろ》ってウンチを突《つ》っついていたのですが、まどろっこしくなって、指《ゆび》でウンチを分解《ぶんかい》したのです。

翌日《よくじつ》、石垣空港《いしがきくうこう》まで泉《いずみ》先生を見送《みおく》りました。タラップを上がっていく先生を見て気づきました。先生はきのうのズボンのままなのです。でも、周《まわ》りの人はだれも知らないか……。

観察対象《かんさつたいしょう》から姿《すがた》をかくすブラインド。夕方から朝まで布《ぬの》1枚《まい》へだてた内側《うちがわ》で、息《いき》をひそめてイリオモテヤマネコを待《ま》つ。

イリオモテヤマネコの行動《こうどう》観察《かんさつ》

野生動物《やせいどうぶつ》を調《しら》べるということは、ホントに毎日が同じことのくり返《かえ》しです。もちろん雨の日、台風《たいふう》、日照《ひで》りなど天気はちがいますが、朝起《お》きたらカメラを回収《かいしゅう》しにいって、ヤマネコのウンチを探《さが》し回り、夕方にはえさとカメラをセットする……のです。

でも、三年目となる最後《さいご》の年は、いよいよイリオモテヤマネコの行動観察《こうどうかんさつ》になりました。体を隠《かく》すブラインドを張《は》って、夕方から朝まで、ヤマネコの出現《しゅつげん》を待《ま》ち、ニワトリを攻撃《こうげき》する方法《ほうほう》や肉の食べ方などを映像《えいぞう》に撮《と》るのです。今でこそビデオカメラがありますが、当時は八ミリメートルフィルムで撮《と》ったものです。なんのことかわからないと思いますが、ともかくビデオのように撮《と》れるものです。

十一月のことです。その日、いつものように民宿《みんしゅく》のおばさんに作ってもらった夕飯《ゆうはん》の弁当《べんとう》を持《も》って、ブラインドに入りました。まだ日が沈《しず》む前で、あたりはとても明るい時間でした。ヤマネコが現《あらわ》れるのは早くて九時ころ、遅《おそ》いと明け方です。で、おなかはまだすいていないのですが、ヤマネコが現《あらわ》れたら弁当《べんとう》なんか食べていられませんから、すぐに夕食にします。弁当《べんとう》というのは意外《いがい》に音がします。新聞紙《しんぶんし》を開《ひら》くとガサゴソいうし、タクアンなどはかむとパリパリいうからです。だんだん夕陽色《ゆうひいろ》になっていく空をながめながら弁当《べんとう》を食べるというのは、それは気分のいいものです。

ムシャムシャとやりながらフッと野原を見たときです。「ゲッ！」とのどにご飯《はん》が詰《つ》まりました。ノコノコとヤマネコがこちらに向《む》かって歩いてくるではありませんか！　距離《きょり》は三〇メートル。大急《おおいそ》ぎでカメラを出しました。でも音を立ててはいけません。そーっとしながら、でも大急《おおいそ》ぎというのは、たいへんです。汗《あせ》がどっと噴《ふ》き出しました。ともかく撮影《さつえい》です。

ヤマネコは、目の前、五メートルのところにある肉に食《く》らいつきました。ときどきチラッとこちらを見ます。なんかヘンだなと思っているようです。肉はしっかりと固定《こてい》してありますから、持《も》ち去《さ》ることはできません。ふつうは小さな破片《はへん》を食《く》いちぎると、近くの安全《あんぜん》な茂《しげ》みに行って食べ、また食べに現《あらわ》れるということをくり返《かえ》しますが、今回のは硬《かた》くて大きな肉なので食べにくいようです。

やがて困《こま》ったことが起《お》こりました。ヤマネコがずっと目の前にいるのはいいのですが、準備《じゅんび》ができていなかったために、ボクの足がしびれてきたのです。

「腰《こし》は痛《いた》いし、どうしよう、でもがんばらなくちゃ」

こんなチャンスはもうないでしょう。だんだん暗《くら》くなってきてライトが必要《ひつよう》になりました。三脚《さんきゃく》も出さなくちゃ……と静《しず》かにゆっくり取《と》り出し、セットしました。そして足もゆっくりと組《く》み替《か》えたりしたのです。

ヤマネコは三時間もかけて肉を食べつくしました。

「フーッ、やっといなくなった。ビックリしたよな～」と足をのばしました。しばらくして思い出しました。「そうだ、弁当《べんとう》!」と懐中電灯《かいちゅうでんとう》をつけて、またまたビックリ。弁当箱《べんとうばこ》とお茶がひっくりかえって、メチャメチャ。膝《ひざ》の上もお尻《しり》のところも、その日のハンバーグのソースだらけになっていたのです。

泉《いずみ》先生のそそっかしいところがうつったのかな～なんて思いました。

一〇一個《こ》のウンチの分析《ぶんせき》

三月が来て、イリオモテヤマネコの調査《ちょうさ》は終《お》わりました。三年間は長かったようで短《みじか》かった……と、変《へん》な気分です。苦労《くろう》して運《はこ》んだミニ・ジープは、お世話《せわ》になった西表島《いりおもてじま》の人に使《つか》ってもらうことにしました。そして泉《いずみ》先生に電話をしました。「これから帰ります。西表島《いりおもてじま》からの最後《さいご》の電話です」と。

調査《ちょうさ》は終《お》わったけれど、まだまだやることがありました。拾《ひろ》い集《あつ》めたヤマネコのウンチの分《ぶん》析《せき》です。次《つぎ》の年の三月までに環境庁《かんきょうちょう》に報告《ほうこく》しなければなりません。国立科学博物館《こくりつかがくはくぶつかん》の研究室《けんきゅうしつ》をのぞくと、机《つくえ》の上にドサッとウンチが積《つ》んでありました。何をどのくらい食べているのかを調《しら》べるのです。乾《かわ》いているウンチをポリ袋《ぶくろ》から出し、水につけてやわらかくして、ここから鳥の羽、ヘビやトカゲのうろこ、小さな動物《どうぶつ》の歯《は》などを取《と》り出します。そしてそれがなんという種類《しゅるい》の動物《どうぶつ》なのか、調《しら》べるのです。

ウンチですから、最初《さいしょ》は恐《おそ》る恐《おそ》るピンセットを使《つか》って、慎重《しんちょう》にやっていたのですが、これ

イリオモテヤマネコの足形石膏《せっこう》や分類《ぶんるい》されたウンチ（上部《じょうぶ》長方形のケースの中）。

では一日に何個《なんこ》も分析《ぶんせき》できません。なにしろウンチは一〇〇一個《こ》もあるのですから！　それに鳥の羽はピンセットだとプチッと切れてしまうのです。いろいろ試《ため》したところ、とてもいい道《どう》具《ぐ》が見つかりました。それは〝指《ゆび》〟でした。人間の指《ゆび》というのは神経《しんけい》がきていてやわらかいので、力を微妙《びみょう》に調節《ちょうせつ》でき、小さな羽もきれいに取《と》り出せるのです。毎日、毎日、これこそつらい仕事《しごと》でした。西表島《いりおもてじま》の森がなつかしくなりました。森の中を歩き回っているほうがボクには向《む》いていると思いました。

ただ、苦労《くろう》をすれば、それなりの成果《せいか》が上がるものです。食《た》べ物《もの》は季節《きせつ》によってちがいますが、主食《しゅしょく》はオオクイナやカルガモといった水鳥で、あとは野ネズミをたくさん食べていました。そのほか手当たり次第《しだい》に食べているようで、イノシシの子ども、オオコウモリ、カグラコウモリなどの哺乳類《ほにゅうるい》、メジロ、ヒヨドリ、コノハズクなどの鳥類《ちょうるい》、アオヘビ、キシノウエトカゲなどの爬虫類《はちゅうるい》、それと夏はカエルやコオロギなどもウンチから出てきました。

ヤマネコは夕方まだ明るいうちに休み場から出ると、獲物《えもの》を探《さが》しながら森をぬけ、野原を横《よこ》切《ぎ》って湿原《しつげん》や川沿《かわぞ》いの森に向《む》かいます。途中《とちゅう》でトカゲなどに出会えばそれを食べますが、目的《もくてき》は水鳥です。オオクイナは体重《たいじゅう》がおよそ四〇〇グラムですから、ヤマネコの一日の食事《しょくじ》の量《りょう》にピッタリです。途中《とちゅう》で休息《きゅうそく》したりして、明け方にはその日の休み場につきます。ヤマネコは自分の縄張《なわば》りの中に三〜五か所《しょ》の休み場があり、そこを順《じゅん》ぐりに回っているのです。

写真《しゃしん》などから、イリオモテヤマネコはおよそ二八平方《へいほう》キロメートルの調査地《ちょうさち》に五頭《とう》いることがわかりました。メスが二頭《とう》、オスが二頭《とう》、子どもが一頭《とう》です。獲物《えもの》が多い地域《ちいき》にはもっとたくさんすんでいるでしょうが、西表島《いりおもてじま》の面積《めんせき》はだいたい二八〇平方《へいほう》キロメートルですから、単純《たんじゅん》に計算《けいさん》すると、ヤマネコは五〇頭《とう》しかいないことになります。多く見積《みつ》もっても一〇〇頭《とう》でしょう。泉《いずみ》先生のこの報告《ほうこく》を受《う》けて環境庁《かんきょうちょう》では、翌年《よくねん》からイリオモテヤマネコの保護《ほご》・増殖計画《ぞうしょくけいかく》を実行《じっこう》に移《うつ》したのです。

調査《ちょうさ》から三〇年ほどたった今も、イリオモテヤマネコの数が増《ふ》えているとは思えません。が、まだ絶滅《ぜつめつ》していない、ということに希望《きぼう》をもってもっと努力《どりょく》しなくては、と感《かん》じるのです。

カワウソが目の前を行く

久《ひさ》しぶりにのんびりと、国立科学博物館《こくりつかがくはくぶつかん》の研究室《けんきゅうしつ》で東京の春を楽しんでいました。イリオモテヤマネコの調査《ちょうさ》がすべて終《お》わったのです。いえ、標本《ひょうほん》づくりなどやることはたくさんあるのですが、体がなかなか動《うご》かないのです。人間の祖先《そせん》はサルではなくナマケモノだったのかも……。

と、そこへ泉《いずみ》先生が入ってきて、「四国《しこく》でニホンカワウソの調査《ちょうさ》があるんですよ。おもしろそうですね～。もう絶滅《ぜつめつ》かもしれない動物《どうぶつ》ですね……」と、言いました。ボクはピーンときました。こういうとき、泉《いずみ》先生は心の中で「ニホンカワウソの調査《ちょうさ》に行ってほしい！」と思っているのです。

調査《ちょうさ》は、四国西部《しこくせいぶ》の「幡多《はた》の自然《しぜん》を守《まも》る会」が中心となって、大学《だいがく》の先生や研究者《けんきゅうしゃ》などが参加《さんか》しておこなわれました。まあ、お祭《まつ》りみたいなもので、四万十川流域《しまんとがわりゅういき》や足摺岬《あしずりみさき》を中心とした海岸《かいがん》を歩き回り、できることならカワウソの姿《すがた》を発見《はっけん》する。それがだめなら、カワウソの足跡《あしあと》や糞《ふん》、休み場などを見つけようとしたのです。昼間、大勢《おおぜい》の人がガヤガヤ、ザワザワ歩いても、カワウソは現《あらわ》れるはずもありません。四日間ほどの調査《ちょうさ》はすぐに終《お》わりました。ボクは「え〜、もう終《お》わりなの？　ま、いいか。でも、せっかく四国《しこく》まで来たんだから、一人《ひとり》で調《しら》べて帰ろう」と決心《けっしん》したのです。

翌日《よくじつ》、あちこち歩き回って調査《ちょうさ》していたとき、ボクがカワウソだったらすんでみたいな、と感《かん》じた海岸《かいがん》へ行きました。大きな岩の間から小さな渓流《けいりゅう》が海にそそぎ、奥《おく》をのぞくと樹木《じゅもく》が生《お》い茂《しげ》って昼でも暗《くら》く、流《なが》れの水音しか聞こえません。カワウソにとって安全《あんぜん》な場所《ばしょ》です。渓《けい》流《りゅう》には小魚やテナガエビやカエルがたくさんいます。カワウソの食《た》べ物《もの》がたっぷりあるわけです。だから、カワウソはきっとこの奥《おく》に「休み場」をもっているはずだ、と思ったのです。

海岸《かいがん》にテントを張《は》り、その前に池を作り、四万十《しまんと》川《がわ》で手に入れた〝ゴリ〟と呼《よ》ばれる小魚を十匹《ぴき》ほど泳《およ》がせました。池の周《まわ》りには細かい砂《すな》を敷《し》き詰《つ》めます。岩の上には干物《ひもの》の魚（メザシ）を置《お》きました。カワウソが来たら足跡《あしあと》が残《のこ》るし、メザシやゴリに気づけば次《つぎ》の日も食べにくるはずです。イリオモテヤマネコの観察《かんさつ》のときと同じ作戦《さくせん》です。でも、一つだけ最新《さいしん》の武器《ぶき》を持《も》ってきました。「暗視装置《あんしそうち》（ノクトビジョン）」です。真《ま》っ暗闇《くらやみ》でも、この装置《そうち》で見ればなんでもくっきりと見えるのです。

ボクがカワウソだったらすんでみたいと思った四国南西部《しこくなんせいぶ》の海岸《かいがん》。

夜の七時を過《す》ぎたとき、目の前の砂《すな》の上を何か小さな動物《どうぶつ》がサッと走りすぎるのに気づきました。メザシをくわえてはピューッと垂直《すいちょく》に近いがけをかけ上がって姿《すがた》を消《け》します。十分ほどたつとまた現《あらわ》れ、メザシを探《さが》しています。

「ドブネズミかな？」と思いながら、ノクトビジョンにスイッチを入れました。画面《がめん》をのぞくと緑色《みどりいろ》に見えます。じきに画面《がめん》をなぞの動物《どうぶつ》が横切《よこぎ》りました。「イタチだ！」とわかりましたが、まずいことに、このままだとカワウソのえさがなくなってしまいます。

ところがしばらくすると、イタチは急《きゅう》にいなくなってしまいました。「おっかしいな〜」と真《ま》っ暗闇《くらやみ》で考えていたとき、何か別《べつ》の動物《どうぶつ》が来ている感《かん》じがしました。カワウソかもしれないのでノクトビジョンで徹底的《てっていてき》に探《さが》すことにしました。遠くの波打《なみう》ち際《ぎわ》、岩の陰《かげ》、と見ていくうちに、見つけました。がけの上にネコがいたのです。野良《のら》ネコです。ネコはじっとこちらを見下ろしています。きっとテントの中にあやしいものがいる……と気づいているのでしょう。それでずっとがけの上からボクのことを観察《かんさつ》していたのです。

それにしてもネコの目というのはすごいものだと感心《かんしん》しました。真《ま》っ暗闇《くらやみ》でもちゃんと見えているのですから。人間は何十万円もする器械《きかい》をのぞいてやっと少し見えるのに、です。野良《のら》ネコはメザシを一匹《ぴき》手に入れると、そのままいなくなりました。テントの中のボクがこわかったのでしょう。

イタチとネコがいなくなってホッとしたのですが、すっかり静《しず》かになりました。真夜中《まよなか》を過《す》ぎ、やがて空が明るくなってきました。そして日の出です。水平線《すいへいせん》に大きな太陽《たいよう》が顔を出しました。イリオモテヤマネコのときもそうでしたが、朝が来るとホッとするのですが、残念《ざんねん》でならない気持《きも》ちも同時に湧《わ》きます。

動物《どうぶつ》の本を読むと、「カワウソは主《おも》に夜行性《やこうせい》である」と書いてあります。だからボクは、朝になったらもう現《あらわ》れないと思っていました。ボクはテントからよろよろと出て、朝日を浴《あ》びながら、「フーッ、残念《ざんねん》!」と、思いっきり背《せ》のびをしました。と、その目の前二〇メートルほどのところをカワウソがピョ〜ン、ピョ〜ンと走っていったのです。この無念《むねん》さ! わかりますか。それ以来《いらい》、ボクはカワウソに夢中《むちゅう》になってしまったのです。

またしてもカワウソが

カワウソの姿《すがた》が消《き》えて、ボーゼンとしながら思いました。きっと世《よ》の中の人は「ニホンカワウソを見ましたよ」と言っても、信《しん》じないかもしれない。「徹夜《てつや》で夢《ゆめ》でも見たんじゃない？」と笑《わら》うかもしれません。ということは、証拠《しょうこ》です、必要《ひつよう》なのは。写真《しゃしん》を撮《と》るしかない、と思ったのです。

それから東京と足摺岬《あしずりみさき》との往復《おうふく》が始《はじ》まりました。二〜三週間、調査《ちょうさ》しては国立科学博物館《こくりつかがくはくぶつかん》に戻《もど》るのです。それぞれ季節《きせつ》ごとに、春夏秋冬《しゅんかしゅうとう》とカワウソの調査《ちょうさ》を続《つづ》けました。ニホンカワウソは海岸沿《かいがんぞ》いに十キロメートルくらいの範囲《はんい》で行動《こうどう》しており、その中に三〜四か所《しょ》の休み場があるらしい。一つの休み場には一週間に一度《ど》くらいやってきて、二〜三日そこで暮《く》らすということがわかってきました。

次《つぎ》の年の夏のことでした。雲《くも》一つなく、太陽《たいよう》がギラギラと浜辺《はまべ》を照《て》りつけていました。浜《はま》は日陰《ひかげ》がほとんどないので、干物《ひもの》になりそうです。カワウソの休み場のある渓流《けいりゅう》の奥《おく》に入り、岩から水が流《なが》れ落《お》ちているところで水を飲《の》んでいました。ゴクッと飲《の》んではあたりを見回して小鳥を探《さが》したり、水の中をのぞいてテナガエビを観察《かんさつ》していました。「カワウソ君《くん》、奥《おく》にいるのかな〜？」なんて考えて水を飲《の》み終《お》えたとき、頭の上の方から何かが目の前を落《お》ちていきました。

足もとを見てビックリ！　大きなマムシです。渓流《けいりゅう》で涼《すず》んでいたのでしょう。ところがボ

カワウソの古い糞《ふん》の残骸《ざんがい》。魚の背骨《せぼね》やうろこが岩のくぼみに残《のこ》っていた。

クという邪魔者《じゃまもの》がやってきて、マムシに近づいたり離《はな》れたりするものですから、ついに怒《おこ》って、ボクの頭めがけて攻撃《こうげき》してきたのです。ところがボクが水を飲《の》み終《お》えて、スッと岩から離《はな》れたものだから、力あまって転《ころ》げ落《お》ちてしまったのです。

「もしも頭をかまれていたら……」と思うと、ぞっとしました。だれもいないところで頭をマムシにかまれたら一巻《かん》の終《お》わり！　だれにも知られずに死《し》んでしまうではありませんか！　マムシを棒《ぼう》で岩の上に乗《の》せて記念撮影《きねんさつえい》。そして「カワウソにかみつくなよ」と言って放《はな》してやりました。もちろん、ボクはもうそこへは二度《ど》と行かないことにしました。

その日の夜が明けてきたとき、豪雨《ごうう》になりました。昼間は快晴《かいせい》だったのに、わからないものです。「こりゃ、たまらん。あきらめよう……」と、カメラなどの機材《きざい》をビニールにくるんで、ケースにしっかりと入れました。そして肩《かた》からかけて〝マムシ沢《ざわ》〟を出ようとしたときです。明るくなったけれど大粒《おおつぶ》の雨が激《はげ》しく降《ふ》る中を、ピョ〜ン、ピョ〜ンとカワウソがこちらに向《む》かってやってくるではありませんか！

大きな岩陰《いわかげ》に隠《かく》れて、大雨の中、カメラを取《と》り出しました。でも、フラッシュをつける間がありません。カワウソをチラッと見たら、ボクの隠《かく》れている大岩の向《む》こう側《がわ》に姿《すがた》を消《け》したのです。ひと呼吸《こきゅう》で岩の反対側《はんたいがわ》から姿《すがた》を現《あらわ》すはずです。仕方《しかた》なくボクはフラッシュなしのカメラを構《かま》えました。その瞬間《しゅんかん》、画面《がめん》にカワウソの姿《すがた》が入りました。距離《きょり》は二メートル！　手をのばせばつかまえられそうな距離《きょり》です。

シャッターを押《お》すと、無情《むじょう》にもずっと開《あ》いています。そうです、写真《しゃしん》というのは暗《くら》いとシャッターがずっと開《あ》いているのです。だから写《うつ》される物体《ぶったい》が動《うご》けば、ボケボケ。当然《とうぜん》なのです。ニホンカワウソの証拠写真《しょうこしゃしん》は、また失敗《しっぱい》に終《お》わってしまったのです。

ついに証拠《しょうこ》写真《しゃしん》が撮《と》れた！

マムシ沢《ざわ》にカワウソが姿《すがた》を消《け》してしばらくの間、ボクは岩陰《いわかげ》で座《すわ》っていました。「シャッターを押《お》したとき、カワウソはこっちを向《む》いたよな～。ビックリしたかな？　フーム」と考えるうちに、ピーンとひらめきました。「そうだ！　今夜がチャンスだ。カワウソはマムシ沢《ざわ》の奥《おく》にいるから、夕方か夜になってまもなく出てくるはずだ！」と。

その日はほとんど眠《ねむ》らずに、夕方早くからマムシ沢《ざわ》の前でカワウソを待《ま》ちました。空模様《そらもよう》があやしいのですが、フラッシュを浜辺《はまべ》に四つ、どこにカワウソが行っても撮影《さつえい》できるようにセッティングしました。ラジオを聞いているとフィリピン沖《おき》に台風《たいふう》があるとか……。「ま、雨になったら浜《はま》のフラッシュだけ片《かた》づければいいや」と楽観《らっかん》していました。頭はカワウソが何時ころに出てくるのかだけを考えていました。

そう、太平洋《たいへいよう》のはるか沖《おき》にでも台風《たいふう》があると、〝高波《たかなみ》〟が来るというのを忘《わす》れていたのです。いつもより大きな波《なみ》が打《う》ち寄《よ》せていましたが、ほとんど気にしませんでした。

暗《くら》くなって、あたりが何も見えなくなったときです。背後《はいご》から「ゴーッ」という異常《いじょう》な音が聞こえてきました。カワウソは……なんてのんきなことを考えている場合ではなかったのです。フッとふり返《かえ》ると、ボクの頭の上まであるような大波《おおなみ》の波頭《なみがしら》の白さだけが見えました。その瞬間《しゅんかん》、ボクは走りました。波《なみ》が砕《くだ》ける音が聞こえてきたとき、ひと抱《かか》えありそうな岩にしがみつきました。浜《はま》に置《お》いたフラッシュが、潮水《しおみず》でショートしてパッ、パッパッ……と光りました。「ドーッ」と波《なみ》が一瞬《いっしゅん》で足から胸《むね》、首……まで上がってきました。左腕《ひだりうで》と足で岩にしがみつき、カメラを右手で高く上げました。「もうダメか！」と思ったとき、今度《こんど》はものすごい力で潮《しお》が引いたのです。幸《さいわ》いにも岩はビクともしません。体が岩の間に入ったので、波《なみ》に連《つ》れ去《さ》られることもなかったのです。

「フーッ、危《あぶ》なかった。きのうからついてないな〜。泉《いずみ》先生には話せないな、コリャ」

浜《はま》はまた静《しず》かになりました。たった一つの大波《おおなみ》で死《し》ぬこともあるのです。海をあなどってはいけないのです。

その夜は波《なみ》がこわくてこわくて、カワウソに集中《しゅうちゅう》できません。物音《ものおと》に注意《ちゅうい》しながら、海の方ばかり見ていたのです。でも、夜の十時すぎ、「カラン」と石が転《ころ》がる音が聞こえました。波《なみ》の音に聞き耳を立てていたおかげです。

海が荒《あ》れた晩《ばん》にマムシ沢《ざわ》から出てきたカワウソ。

「来た!」。そうです。マムシ沢《ざわ》の奥《おく》からカワウソがついにやってきたのです。「ボクがカワウソだったら、ここを歩く」と考えたところを歩いてきました。息《いき》を止めてボクは岩になりました。カワウソはのんきに歩いてきます。そして目の前を通りすぎるとき、ボクはついにシャッターを押《お》したのです。フラッシュがパッと光り、一瞬《いっしゅん》まぶしくて何も見えなくなりましたが、網膜《もうまく》には歩いているカワウソの姿《すがた》が焼《や》きつきました。

「ヨシ! やった」。もう「夢《ゆめ》だったんじゃない?」なんて言わせません。

それ以後《いご》、ボクはカワウソがどんな暮《く》らしをしているのか、調《しら》べまくりました。もちろん、マムシと大波《おおなみ》には注意《ちゅうい》しながら。

これは、一九七六年ごろのことです。残念《ざんねん》ながらその後、カワウソはほとんど確認《かくにん》されていませんn。

V

夢《ゆめ》が広がる

ボクの行く先は……

イリオモテヤマネコやニホンカワウソの調査《ちょうさ》が終《お》わり、そろそろ自分の将来《しょうらい》のことを考えなくてはならないと思いました。一九七八年ごろのことで、もう三十四歳《さい》（！）にもなっていました。のんきといえばのんきだったのです。泉《いずみ》先生と会っていると、世《よ》の中《なか》のふつうのこと、たとえば仕事《しごと》について給料《きゅうりょう》をもらうこと……などは、つい忘《わす》れてしまうのです。改《あらた》めて困《こま》ったな、と感《かん》じました。

でも、人生とはやるっきゃない、のです。長い間動物《どうぶつ》の調査《ちょうさ》などをしてきた間に、いろいろな人と知り合いになりました。友だちではないのですが、出版社《しゅっぱんしゃ》や新聞やテレビの関係《かんけい》の人々《ひとびと》で、仲間《なかま》のようなものです。そんな人たちから「イリオモテヤマネコのことを雑誌《ざっし》に書いてください」とか「いっしょに西表島《いりおもてじま》へ取材《しゅざい》に行って記事《きじ》を書いてください」という、調査《ちょうさ》とはあまり関係《かんけい》のない仕事《しごと》をたのまれるようになったのです。

ボクは小学校のころから作文、つまり文章《ぶんしょう》を書くことがいちばん苦手《にがて》でした。神奈川県《かながわけん》に三浦半島《みうらはんとう》という岬《みさき》があって、その先端《せんたん》の観音崎灯台《かんのんざきとうだい》に遠足に行ったときはこうです。「今日《きょう》は遠足にいきました。楽しかったです。おわり」

みんなのを横目《よこめ》で見るといろいろ書いています。いつも先生には「三行作文」と言われました。「何か書くことあるだろう。ほら、気持《きも》ちだよ。何か感《かん》じただろ。心のそこから湧《わ》いてくる……」と言われても、湧《わ》いてこないのです。みんないっしょに行ったのに、何を書いているのか不思議《ふしぎ》でした。〝秀才君《しゅうさいくん》〟なんかは二枚《まい》も三枚《まい》も書いているのですから驚《おどろ》きです。おかげで作文のときは、ボクは時間があまって、あまって、退屈《たいくつ》でした。

ボクは自慢《じまん》じゃないけど「字」も下手《へた》くそで、「君《きみ》の字はミミズがはっているようだ」なんて言われたものです。「ミミズも動物《どうぶつ》だから、まっ、いいか！」と自分をなぐさめたりしましたが、文字を書くのが仕事《しごと》となるとそうはいきません。下手《へた》な文字はともかく、本をたくさん読むこと！　これは大切だと思いました。自分の知らないことがたくさん書いてあるからです。

久《ひさ》しぶりに富士山《ふじさん》で仕事《しごと》をしているときです。『アニマ』という自然《しぜん》や動物《どうぶつ》のことがのっている雑誌《ざっし》を作っている人が、「アフリカに行ってみてください」と言うのです。イリオモテヤマネコやニホンカワウソの写真《しゃしん》や記事《きじ》をのせてくれた雑誌《ざっし》です。野生動物《やせいどうぶつ》の宝庫《ほうこ》・アフリカ、そこは自然《しぜん》や動物《どうぶつ》のことが好《す》きな人はだれでも、一度《ど》は行ってみたいと思う土地です。そこは哺乳類《ほにゅうるい》がもっとも栄《さか》えた時代である鮮新世《せんしんせい》（五一〇万～一六四万年前）の様子《ようす》を今なお保《たも》っているということで重要《じゅうよう》なところです。

いっしょに大学の先生と学生が行くことになり、目的地《もくてきち》は東アフリカのトゥルカナ湖《こ》と決《き》まりました。そこは、一九六七年からイギリスの古人類学者《こじんるいがくしゃ》リーキー博士《はかせ》が、湖《みずうみ》周辺《しゅうへん》の調査《ちょうさ》をはじめ、重要《じゅうよう》な人類《じんるい》の化石《かせき》を発見《はっけん》したところです。リーキー博士《はかせ》が掘《ほ》り出した化石《かせき》の中には、一六〇万年以上《いじょう》も前のものと推定《すいてい》されるほぼ完全《かんぜん》な骨格《こっかく》をのこす「トゥルカナ少年」の化石《かせき》があり、人類《じんるい》の進化《しんか》についてのそれまでの考えを一変《いっぺん》させたので、その地を取材《しゅざい》しようということになったのです。仕事《しごと》はケニアの国立公園《こくりつこうえん》の取材《しゅざい》、動物《どうぶつ》の撮影《さつえい》です。そして初期《しょき》の人類《じんるい》が生活した土地をこの目で見てくること、いえ、見るだけではなく、心から湧《わ》いてくる何かを感《かん》じることでした。感《かん》じないと作文は書けませんからね……。

ケニアの首都《しゅと》ナイロビから北西を目指《めざ》し、赤道を越《こ》え、砂漠《さばく》を越《こ》えたところにその湖《みずうみ》はあります。期間《きかん》は四〇日。ライオン、チーター、アフリカゾウ、カバ、キリン……など、じっくり観察《かんさつ》することはできません。途中《とちゅう》にある国立公園《こくりつこうえん》には寄《よ》りますが、そこではテントを張《は》って二～三泊《ぱく》して、最低限《さいていげん》の取材《しゅざい》をするだけ。初《はじ》めてのアフリカにしては目標《もくひょう》が大きすぎるかな、とちょっと不安《ふあん》でした。

水浴《みずあ》びするアフリカゾウ。アフリカはゆったりした日程《にってい》で回りたい。

オンボロ車でトラブル続出《ぞくしゅつ》

ナイロビから車二台で出発《しゅっぱつ》。ボクはいつも後《うし》ろの車を運転《うんてん》しました。後《うし》ろだと地図は見なくていいし、気楽です。でも前の車が巻《ま》き上げる砂《すな》ぼこりを浴《あ》びるので、全身砂《ぜんしんすな》だらけになるのが欠点《けってん》です。メルー国立公園《こくりつこうえん》を過《す》ぎ、マーサビット野生動物保護区《やせいどうぶつほごく》を出たころから、車が不調《ふちょう》になってきました。燃料《ねんりょう》と水はたくさん積《つ》んでいたのですが、砂漠《さばく》のでこぼこ道になってから、トラブルが続出《ぞくしゅつ》しはじめたのです。車は二台ともオンボロで、タイヤはツルツル。おかげでタイヤのパンクの修理《しゅうり》は毎日です。

大事件《だいじけん》は、朝、起《お》こりました。出発《しゅっぱつ》してまもなく、岩石砂漠《がんせきさばく》の中の岩だらけの道を大きくゆれながら走っていたところ、突然《とつぜん》「ガガガーッ、ガーン」といって、車がななめになって止まってしまったのです。ななめというのは、向《む》きがななめなのではなく、お尻《しり》が下がって運転《うんてん》席《せき》が空を向《む》いたのです。

何が起《お》こったのか、しばしボーゼン。よっこらしょと車を降《お》りてみてビックリ。後《うし》ろの片方《かたほう》のタイヤがないのです。喜劇映画《きげきえいが》ではありません。「タイヤがないぞっ!」と、思わず叫《さけ》びました。どこへいったんだ、と見ると遠くに転《ころ》がっていました。タイヤがついていた部分《ぶぶん》を調《しら》べてみると、タイヤをとめていたネジがなくなっているのです。それからがたいへん。砂漠《さばく》の中でネジ探《さが》しです。

ふっと気がつくと、前の車がいません。ボクたちの車のタイヤが取《と》れたなんて知らずに、行ってしまったのです。それまでも二台が離《はな》ればなれになることはよくありました。動物《どうぶつ》を見つけると、ボクは思わず車を止めてながめていたりしたからです。前の車を運転《うんてん》していた大学の先生は、「後ろの連中《れんちゅう》、また何か見つけたな……」としか思わなかったのです。

「工具箱《こうぐばこ》は……、前の車に積《つ》んだんだ！」ということに気づき、運命《うんめい》は決《き》まりました。何も直せないのです。日はだんだん高くなり、暑《あつ》さがきびしくなってきました。でもまあ、そのうち戻《もど》ってくるだろうと思い、暑《あつ》いのに無理《むり》やり日光浴《にっこうよく》をしたり、おなかすいたね……なんてしゃべったり。食料《しょくりょう》だって、前の車に積《つ》んでいたのです！

「これで水がなくなったら、死《し》ぬよね〜」なんて学生としゃべりながら、もう一台の車が戻《もど》ってくるのをひたすら待《ま》っていたのですが、その気配《けはい》はまったくありません。日はだんだん傾《かたむ》き、美しい夕焼《ゆうや》けとなり、ついに真《ま》っ暗《くら》になってしまいました。砂漠《さばく》の夜はとても冷《ひ》えます。「だれか、おいしいお菓子《かし》、持《も》ってない……？」と言ったのですが、聞くだけむだ。持《も》っているはずもありません。でも星だけはすばらしくきれいです。車の屋根《やね》に乗《の》って星をながめていました。泉《いずみ》先生になんて話そう……、先生の笑顔《えがお》が目に浮《う》かびました。

十一時を回ったころ、地平線《ちへいせん》にピカーッとライトが輝《かがや》きました。「来た！　やっと戻《もど》ってきた！」ライトが見えてから三〇分後、ようやく再会《さいかい》しました。急《きゅう》に砂漠《さばく》がにぎやかになりました。すぐに夕食のしたくに取《と》りかかりました。

戻《もど》ってきた車も壊《こわ》れかかっていました。車体にひびが入って、前と後《うし》ろが離《はな》れそうだ、というのです。それで、あきらめました。トゥルカナ湖《こ》までもうじきだったのですが、そこからナイロビへ引き返《かえ》しました。初《はじ》めてのアフリカは完全《かんぜん》に失敗《しっぱい》だったのです。

コモドオオトカゲのすむ島《しま》へ

アフリカから帰ってきてまもなく、あるテレビの番組制作《ばんぐみせいさく》をしている人が、「コモドオオトカゲの撮影《さつえい》にいっしょに行きませんか?」と言ってきました。「世界最大《せかいさいだい》のトカゲ!」、「恐竜《きょうりゅう》の生き残《のこ》り!(いえ、これはボクが勝手《かって》に思っただけですが)」として有名《ゆうめい》なコモドオオトカゲ、別名《べつめい》コモドドラゴンですから、ボクは思わず「行きます!」なんて答えてしまったのです。

早速《さっそく》、図書館《としょかん》に行ってコモドオオトカゲの情報《じょうほう》を集《あつ》めました。でもほとんど資料《しりょう》はなく、雑誌《ざっし》に載《の》っている記事《きじ》ていどでした。読んでみると、それは恐《おそ》ろしいことが書かれています。

オオトカゲはインドネシアのコモド諸島《しょとう》にすんでいて、全長《ぜんちょう》三メートルになり、走るのも速《はや》い。シッポのひとふりが当たると、スイギュウの脚《あし》ですら折《お》れ、むさぼり食《く》われてしまう。牙《きば》には毒《どく》があってかまれて死《し》んだ人がいるとか……。ボクはそんなこわいトカゲがすんでいる島《しま》に行くのが心配《しんぱい》になってきました。でも、資料《しりょう》が少ないということは、それだけ調《しら》べがいがあるというものです。昔《むかし》の探検家《たんけんか》のような気分で、ボクはコモド諸島《しょとう》に向《む》かったのです。

それから一週間後、今にも沈《しず》みそうな古い船でようやくコモド島《とう》に到着《とうちゃく》しました。コモドオオトカゲが待《ま》ちかまえているような気がして、浜辺《はまべ》をキョロキョロと見回しました。陸《りく》にあがったとたん、向《む》こうからオオトカゲが走ってきたらたまりません。おっかなびっくり浜辺《はまべ》をロッジまで歩きます。みんなのあとからあたりを観察《かんさつ》しながらゆっくり歩きます。そうしたら見つけてしまったのです、砂《すな》の上に残《のこ》された奇妙《きみょう》な足跡《あしあと》を。たぶんオオトカゲのものです。

浜辺《はまべ》に残《のこ》された奇妙《きみょう》な足跡《あしあと》。

「でかい！」。全長《ぜんちょう》二メートル半はありそうです。小さなワニと同じです。この先どうなることやらちょっと不安《ふあん》になりました。

でも不安《ふあん》を解消《かいしょう》するいちばんの方法《ほうほう》は、足跡《あしあと》の主《ぬし》を確《たし》かめることです。荷物《にもつ》を浜《はま》に置《お》き、みんなには

「ちょっと偵察《ていさつ》してくる」と言って、足跡《あしあと》が消えているやぶの中に入ってみました。用心しながらゆっくりそっと歩いていくと、不吉《ふきつ》な気配《けはい》。何かがやぶの奥《おく》にいます。しばらくじっとしていると、ガサゴソと音がして、五メートルほど先からニューッとオオトカゲが顔を出したのです。

「ゲッ、やっぱりオオトカゲだ」。その場に立ち尽《つ》くしました。オオトカゲは舌《した》をチョロチョロと出して、こっちの出方《でかた》を見ているかのようです。「こっちへきたら、走って逃《に》げるか……それともおどかすか……いや、戦《たたか》うか……」なんて考えながらも、「やっぱり浜辺《はまべ》まで猛《もう》ダッシュだよな……」と決《き》めました。頭の中に逃《に》げるルートを描《えが》きました。ところが、オオトカゲはゆうゆうとやぶの奥《おく》へ歩き去《さ》ったのです。ホッとしました。額《ひたい》からタラッと汗《あせ》が流《なが》れ落《お》ちたのは暑《あつ》さだけのせいではありません。

島《しま》は国立公園《こくりつこうえん》になっています。ちゃんとしたロッジがあって、レンジャーも五人いました。それと島《しま》には村《むら》があって、五〇軒《けん》ほど家がありました。指定《してい》されたロッジに着《つ》き、部屋《へや》に入ろうとしたとき、ダダダダーッと中から何かが走ってきました。「ん?」と見てまたまたビックリ。コモドオオトカゲの子どもが人間の気配《けはい》を察知《さっち》して飛《と》び出してきたのです。ボクの顔を見て、レンジャーが笑《わら》いながら「涼《すず》んでいたんですよ」と言いました。うかうか寝《ね》てもいられま

やぶの中から現《あらわ》れたコモドオオトカゲ。この顔ににらまれたらこわい！

せん。やっぱりたいへんな島《しま》に来てしまった……と思ったものです。

夕方からレンジャーたちと打《う》ち合わせです。コモドオオトカゲの生態《せいたい》をはじめ、オオトカゲがどれほどどうもうか、毒《どく》があるという人もいるけど本当かどうかなどを調《しら》べるために特別《とくべつ》な許可《きょか》ももらってきてあります。翌日《よくじつ》からいよいよオオトカゲの調査《ちょうさ》です。

コモドオオトカゲの実態調査《じったいちょうさ》

ロッジからコモドオオトカゲの観察場《かんさつば》所《しょ》までおよそ一時間歩きます。観察場所《かんさつばしょ》は、乾《かわ》いて水のない川の土手の上。川床《かわどこ》をコモドオオトカゲがやってくるというのですが、まだいません。そのすきに実験《じっけん》の準備《じゅんび》をします。まずはどのくらいにおいに敏感《びんかん》か……です。川床《どこ》に下りて、鶏肉《とりにく》を入れたダンボールとバナナを入れたダンボールを並《なら》べます。後《うし》ろから突然《とつぜん》オオトカゲが走ってくるのではないかと冷《ひ》や冷《ひ》やします。

「オオトカゲは、もう人間が来たことを知っている。でもね、やつらはまだ寒《さむ》くて体温《たいおん》が下がっているので、日光浴《にっこうよく》をして温《あたた》まってからやってくるのさ」とレンジャーがささやくように言いました。なるほど、しばらくすると森の奥《おく》からガサガサと枯《か》れ葉《は》をふむ音が聞こえてきました。ワニのような歩き方だから、やたら音がするのです。

「フーム、オオトカゲはそっと忍《しの》び寄《よ》るなんてことはできないんだ。ということは、後《うし》ろから音もなく突然《とつぜん》パクッ！　なんていうこともないわけだ」と、少し安心《あんしん》しました。

やがてオオトカゲが姿《すがた》を現《あらわ》しました。のそっ、のそっと歩きながら、舌《した》をチョロチョロと出しています。これはふつうのトカゲではないことを示《しめ》しています。鶏肉《とりにく》とバナナのダンボールの前にくると、舌《した》の出し入れがひんぱんになります。ヘビのように、舌《した》でにおいがわかるのでしょう。オオトカゲは、バナナのほうは一応《いちおう》確《たし》かめただけで、鶏肉《とりにく》が入っているダンボールに突進《とっしん》し、鋭《するど》い歯《は》と爪《つめ》でバリバリッと壊《こわ》して、中にあった鶏肉《とりにく》をひと飲《の》み！

舌《した》をチョロチョロ出してにおいをかぎ分けるコモドオオトカゲ。

あんな歯《は》でかみつかれたら……と思うと、ぞっとしました。その一方、「オオトカゲは思っているほどどうもうではないかも……」と感《かん》じることもありました。

肉のにおいをかぎつけてオオトカゲが続々《ぞくぞく》と集《あつ》まり、ヤギ一匹分《ぴきぶん》の肉があっという間《ま》になくなったのはさすがでした。残《のこ》っているのは、ロープでしばってあった足のところだけです。一頭《とう》の巨大《きょだい》な年寄《としよ》りオオトカゲを残《のこ》して、ほかのオオトカゲたちは森の中へ消《き》えていきました。そこへイノシシの家族《かぞく》が、わずかな肉を求《もと》めてやってきました。けれど、その肉があるところには年寄《としよ》りオオトカゲが腹《はら》ばいになって休んでいます。するとイノシシのお母《かあ》さんがドラゴンのシッポをパクッとかんだのです。「あっちへ行きなさいよ、食べられないじゃない!」と、言っているかのようです。でもその瞬間《しゅんかん》、オオトカゲがシッポをビュンとふりました。イノシシはヒョイと足をもちあげてシッポの一撃《いちげき》をよけました。そしてイノシシがあまりにしつこくかみつくので、オオトカゲはノソノソと茂《しげ》みへと移動《いどう》していったのです。

また、オオトカゲの走る速《はや》さを測《はか》ってみると、時速《じそく》八キロメートルくらい。のんびりと走らせる自転車《じてんしゃ》くらいなものでした。

よし、この調子《ちょうし》ならオオトカゲをつかまえて電波発信器《でんぱはっしんき》をつけることができそうだ、と確信《かくしん》しました。つかまえるのはレンジャーたち、コモド村から手伝《てつだ》いに来た若者《わかもの》たち、それとボクです。コモド村の若者《わかもの》たちは「ドラゴンは毒《どく》をもっている」と信《しん》じていますから、真剣《しんけん》そのもの。でも、危《あぶ》なくなると手を放《はな》してしまうので、ボクも真剣《しんけん》です。インドネシア語、英語《えいご》、コモド語？　そして日本語が飛《と》びかいます。でもみんな「オー、危《あぶ》ないぞ、気をつけろ！」ってなことを叫《さけ》んでいるのです。オオトカゲは大暴《おおあば》れして逃《に》げようとします。つかまえていて、しっぽのパワーもたいしたことがないとわかりました。

大混乱《だいこんらん》の中、ようやく押《お》さえこみ、オオトカゲの背中《せなか》に電波発信器《でんぱはっしんき》を装着《そうちゃく》しました。受信機《じゅしんき》からは「ピッ、ピッ……」と規則的《きそくてき》な音が聞こえます。アンテナを動《うご》かしてみると、アンテナは確《たし》かにオオトカゲがいる方向《ほうこう》を指《さ》します。「よし、これでオオトカゲが夜、どこで何をしているか、わかるぞ。手を放《はな》せ！」

自由《じゆう》になったオオトカゲは、森の中に消《き》えていきました。オオトカゲはワニほどの力はないし、反撃《はんげき》してくる様子《ようす》もないし、動《うご》きものろい、と感《かん》じました。

オオトカゲが生き残《のこ》れることを祈《いの》って

夜の十一時、オオトカゲの様子《ようす》を調《しら》べにいきました。オオトカゲは意外《いがい》におとなしい、ということがわかっても、夜の森は恐《おそ》ろしいところです。懐中電灯《かいちゅうでんとう》をつけ、慎重《しんちょう》に乾《かわ》いた川床《かわどこ》に下ります。受信機《じゅしんき》はちゃんと「ピッ、ピッ……」と音を拾《ひろ》っています。アンテナを動《うご》かしながら、いちばん大きな音が聞こえてくる方角《ほうがく》に進《すす》みます。おっかなびっくり歩きます。オオトカゲがいつ飛《と》び出してくるかもわかりません。

「近いぞ!」とボクは言いました。「ピッピ音」が大きくなってきたからです。「どこだ?」、「こっちらしいぞ!」、「気をつけろ……」と小さな声で言いながら、懐中電灯《かいちゅうでんとう》の光でオオトカゲを探《さが》します。「いないな~」とつぶやいたとき、乾《かわ》いた川の土手の下にある穴《あな》が目につきました。「もしかして、ここに入っていたりして……」と、のぞき込《こ》んだとき、オオトカゲのシッポが見えました。用心して近づきます。でもシッポはピクリとも動《うご》きません。オオトカゲはこのような穴《あな》の奥《おく》に卵《たまご》をいくつか産《う》むのです。ふだんも穴《あな》にいるとは思いませんでした。

ボクはシッポをチョンチョンと突《つ》っついてみました。何の反応《はんのう》もありません。「どうやら眠《ねむ》っているらしい……」。シッポを持《も》ってグイッと引っぱってみました。するとオオトカゲに反応《はんのう》がありました。グッとふんばったのです。眠《ねむ》ってはいるものの引きずり出されないように手足に力を入れたのです。

「なるほど、オオトカゲは夜は寝《ね》ているんだ」と、ボクは新発見《しんはっけん》をしたような気になりました。でも考えてみれば、トカゲの仲間《なかま》はふつうみんな昼行性《ちゅうこうせい》（昼間、活動《かつどう》すること）なのです。おっかなびっくり歩いてきたことがおかしくなりました。

オオトカゲにかみつかれることもなく、調査《ちょうさ》は無事《ぶじ》に終《お》わりました。オオトカゲは顔はこわいけれど凶暴《きょうぼう》でもなんでもなく、大陸《たいりく》と切り離《はな》されたおかげでコモドという島《しま》に生き残《のこ》ることができたのだと思いました。世界中《せかいじゅう》でここにしかいないということは、大昔《おおむかし》はほかにもいたのだけれど、ヒョウやオオカミのような強い哺乳類《ほにゅうるい》（食肉類《しょくにくるい》）にみんなやられてしまったのにちがいありません。コモド島《とう》にはつい最近《さいきん》まで、そういう食肉類《しょくにくるい》はいなかったのです。

でも今やオオトカゲは絶滅危惧種《ぜつめつきぐしゅ》、絶滅《ぜつめつ》が心配《しんぱい》されている動物《どうぶつ》の一つです。なぜそんなことになったのか、というと、野イヌの登場《とうじょう》です。古くから自然《しぜん》にすんでいたシカ、イノシシや、人間が島《しま》にもちこんだ半野生《はんやせい》のスイギュウを狩《か》るハンターがやってきて、帰りにイヌを島《しま》に捨《す》てていき野生化《やせいか》したのです。この野イヌとスイギュウはコモド島《とう》の動物《どうぶつ》から見れば「外来種《がいらいしゅ》」、いわゆる「帰化動物《きかどうぶつ》」というやつです。

イヌはもともとオオカミの親戚《しんせき》ですから、野生化《やせいか》すると集団《しゅうだん》を作って狩《か》りをして暮《く》らします。夜も昼も活動《かつどう》し、鋭《するど》い鼻《はな》をきかして獲物《えもの》を探《さが》します。イノシシやシカも捕《と》らえますが、オオトカゲも襲《おそ》います。いちばんの問題《もんだい》は、オオトカゲの卵《たまご》と子どもです。オオトカゲは穴《あな》の奥《おく》に卵《たまご》を産《う》んでいますが、イヌは簡単《かんたん》にそれを見つけ、食べてしまうというわけです。たとえオオトカゲが卵《たまご》を守《まも》ったとしても、賢《かしこ》いイヌのことですから、親をおびき出して、その間に卵《たまご》を食べてしまうにちがいありません。

オオトカゲの子どもは、よく木に登《のぼ》っています。こうして身《み》を守《まも》るのですが、少し大きくなるとやはり地面《じめん》に下りてきます。このとき、野イヌに襲《おそ》われるのです。卵《たまご》と子どもが食べられてしまったら、動物《どうぶつ》というものはたちまち数が減《へ》ってしまうのです。

レンジャーたちはときどき野イヌをつかまえる仕事《しごと》をします。今、日本でもアライグマなどの帰化動物《きかどうぶつ》が問題《もんだい》になっていますが、その土地の野生動物《やせいどうぶつ》を守《まも》るためには、帰化動物《きかどうぶつ》は駆除《くじょ》しなくてはならないのです。ボクたちは、いつまでもオオトカゲがのんびり暮《く》らせることを祈《いの》りながら、コモド島《とう》をあとにしました。

コモドオオトカゲの卵《たまご》や子どもは野イヌにねらわれている。

オオトカゲをつかまえたときに採集《さいしゅう》した〝唾液《だえき》〟は、日本に持《も》ち帰って検査《けんさ》しました。その結果《けっか》、オオトカゲの唾液《だえき》には毒《どく》などはなく、人間の口の中より百倍《ばい》も清潔《せいけつ》だ、ということがわかりました。人間だったら何十種類《しゅるい》も細菌《さいきん》などがいるのに、オオトカゲの口の中にはたったの二種類《しゅるい》、とのことでした。見かけによらず、オオトカゲは清潔《せいけつ》だったのです。

オランウータンのすむ島《しま》へ

コモド島《とう》から東京に帰ってまもなくのことです。今度《こんど》は「ボルネオ（カリマンタンともいう）島《とう》に行きましょう」という話がもち上がりました。そこには絶滅《ぜつめつ》の恐《おそ》れのある類人猿《るいじんえん》オランウータンがいます。島《しま》の北端《ほくたん》に近いところにサンダカンという町があり、そこから四〇キロメートルほど離《はな》れたセピロックの森の中に「オランウータン・リハビリテーション・センター」という施設《しせつ》があります。その施設《しせつ》を見学しよう……というわけです。

ボルネオでは森の木がどんどん切られ、オランウータンの孤児《こじ》がたくさん生まれています。その孤児《こじ》を親の代《か》わりに人間が育《そだ》て、別《べつ》の安全《あんぜん》な森で生きていく方法《ほうほう》を教えたりしているのが「リハビリテーション・センター」なのです。訓練施設《くんれんしせつ》ですから、コモド島《とう》のような恐《おそ》ろしい感《かん》じはなさそうです。

さっそく泉《いずみ》先生にたずねてみました。すると、「フムフム、ボルネオはおもしろい島《しま》ですよ。アジアゾウがいるし、トラはいないけれどウンピョウがいますね。それとまだだれも生きた姿《すがた》を見たことのないボルネオヤマネコがいるんです。私《わたし》も行きたいな～、ハハハハ……」なんて笑《わら》って、オランウータンの話は一つも出てきませんでした。なにしろ泉《いずみ》先生の頭の中はイリオモテヤマネコに関係《かんけい》する世界《せかい》のヤマネコのことしかないのです。ま、しかたないですね。泉《いずみ》先生は、イリオモテヤマネコがいかに古いものであるかを証明《しょうめい》するために、脳《のう》にいく血管《けっかん》の勉強《べんきょう》をしていました。もう六〇歳《さい》をすぎたというのに、新たに勉強《べんきょう》を始《はじ》めるのですから、頭が下がります。「人間はですね、いつも勉強《べんきょう》なんです。楽しいですよ」と口ぐせのように言います。いつも新しいことに挑戦《ちょうせん》しているのです。

さて、ボクは羽田《はねだ》からフィリピンのマニラ、飛行機《ひこうき》を乗《の》りかえてボルネオのコタキナバル（マレーシア・サバ州《しゅう》の州都《しゅうと》）、また飛行機《ひこうき》を乗《の》りかえてサンダカンへと向《む》かいました。その町には、江戸時代《えどじだい》にやってきて住《す》みついた日本人の古いお墓《はか》があります。そんな昔《むかし》に、よくぞ日本人がいたものです。

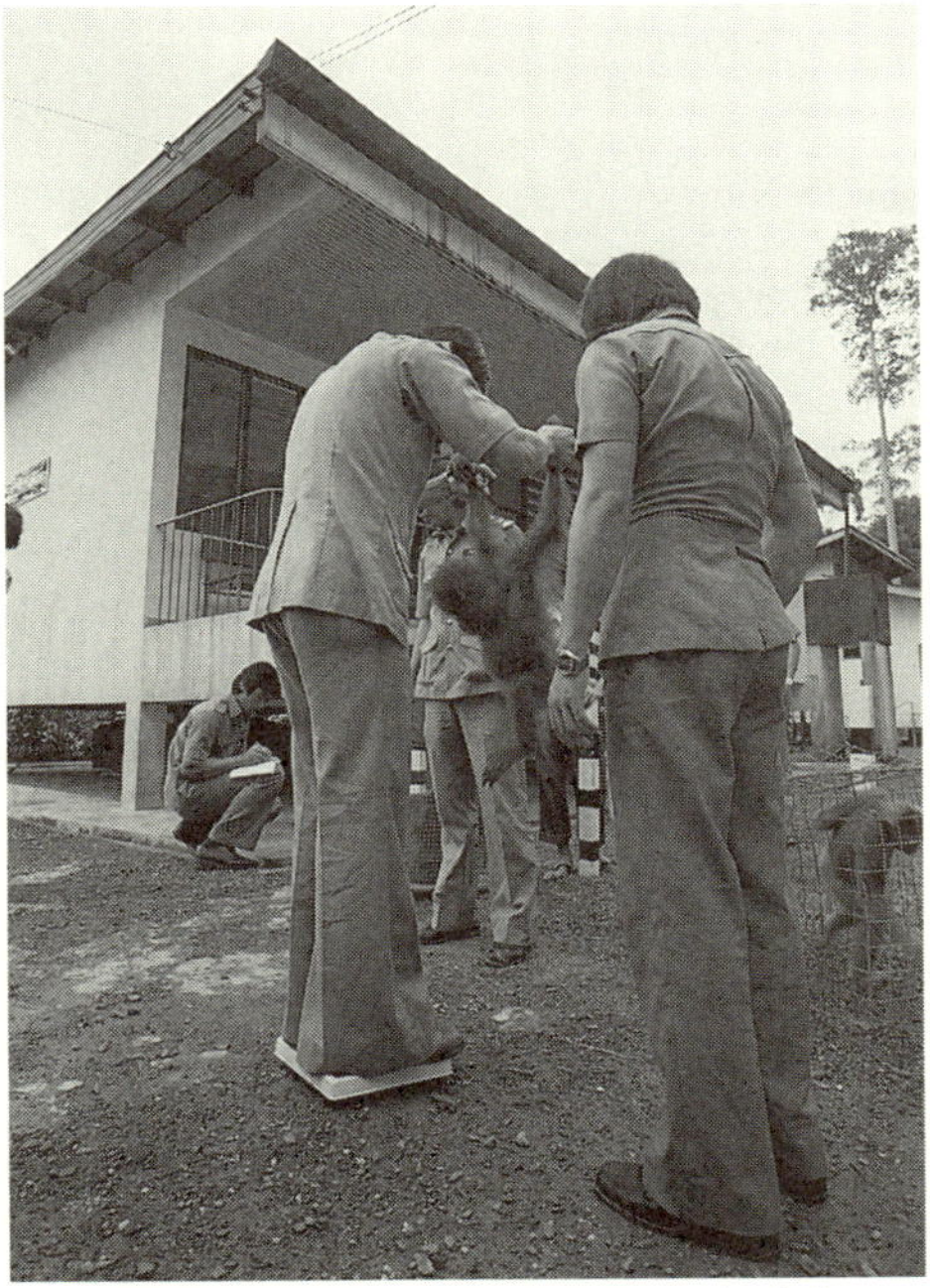
センターに届《とど》けられたオランウータンの孤児《こじ》は、身体測定《しんたいそくてい》と健康《けんこう》チェックを受《う》ける。

ホテルで食事《しょくじ》などしていて驚《おどろ》いたのは、なんでも日本製《にほんせい》だということです。外を走っている車は日本車がやたらに目につきます。それからピアノやステレオ、テレビはもちろんですが、トイレの便器《べんき》まで日本のメーカーの名前が入っているのにはビックリしました。唯一《ゆいいつ》、オランダ製《せい》がありました。それはなぜかフルーツの缶詰《かんづめ》でした。

ホテルの人が言っていました。「こういうものを買うために森の木を切って日本に買ってもらわなくてはならないのです」と。

いろいろな問題《もんだい》はあると思いますが、単純《たんじゅん》にいえばそういうことなのです。そしてオランウータンに孤児《こじ》ができる……そういう仕組《しく》みですから、経済《けいざい》も自然《しぜん》も動物《どうぶつ》もみんな関連《かんれん》していて、一つの仕組《しく》みの中の問題《もんだい》なのだ、ということがよくわかりました。

翌朝《よくあさ》、ボクはタクシーに乗《の》りました。オランウータンを森へ帰すリハビリ・センターへと向《む》かったのです。四〇キロメートルもタクシーに乗《の》ったら……財布《さいふ》の中身《なかみ》のことが心配《しんぱい》になりました。でも仕方《しかた》ありません。バスがないのです。それでも運転手《うんてんしゅ》さんに言いました。「夕方の四時に、また迎《むか》えに来てください」と。いやはや、ボクはいつも予算《よさん》のことが心配《しんぱい》で……。

オランウータンの孤児《こじ》

セピロックのリハビリ・センターには四〇頭《とう》ほどのオランウータンの子どもがいました。ほとんどの子どもが森の中で孤児《こじ》になってしまったものです。

オランウータンは、チンパンジーなどとちがって、オスとメスは別々《べつべつ》に一頭《とう》だけで暮《く》らします。めったに地面《じめん》に下りることはなく、木の上にいます。イチジク、マンゴー、ドリアンなどの果物《くだもの》が主食《しゅしょく》で、森のどこに行けばおいしい果物《くだもの》がなっているか、ちゃんと知っています。体重《たいじゅう》が重《おも》いので、木の上を移動《いどう》するときはゆっくりです。木から木へジャンプするなんていう冒険《ぼうけん》はしません。こうして一日に五〇〇メートル近く移動《いどう》します。夕方になると高い木の枝《えだ》の上に、木の葉のついた小枝《こえだ》を折《お》り曲《ま》げたりして集《あつ》め、ベッドを作ります。夜はそこで眠《ねむ》り、朝早く起《お》き出して、枝《えだ》から枝《えだ》へと渡《わた》り、果物《くだもの》を探《さが》しに出ます。その日の夕方にはまた新しいベッドを作ります。子どもが生まれると、お母《かあ》さんは抱《だ》っこして育《そだ》てます。

子どもは三歳《さい》くらいまでおっぱいを飲《の》んでいて、八歳《さい》くらいまで母親といっしょに暮《く》らします。動物《どうぶつ》にしてはとても長いのですが、この間に、木の枝《えだ》のベッドの作り方や、いつごろおいしい果物《くだもの》がどこになるのか、恐《おそ》ろしい敵《てき》はなんなのかなど、生きる上で必要《ひつよう》なことを学ぶのです。お母《かあ》さんは、子どもをとても大切にあつかい、なにかと世話《せわ》をやきます。

では、どうしてオランウータンの子どもが孤児《こじ》になってしまうのでしょう。お母《かあ》さんは決《けっ》して子どもを放《はな》さないのに……。

それは、密猟《みつりょう》と森林の伐採《ばっさい》です。オランウータンの子どもは高く売れます。ペットにされたり、動物園《どうぶつえん》がほしがったりするのです。オランウータンの親子を見つけると、一本の高い木の上に追《お》いつめて、周《まわ》りの木を切ってしまいます。それからオランウータンのいる木を切り倒《たお》すのです。子どもを抱《だ》いたオランウータンのお母《かあ》さんは、木が倒《たお》れると、そのショックで逃《に》げてしまいます。ときには逃《に》げないので、殺《ころ》されてしまいます。大人《おとな》のオランウータンは人間にはなれないし、力があってあつかいにくいので、用はないのです。無理《むり》やり動物園《どうぶつえん》などに連《つ》れていっても、結局《けっきょく》は死《し》んでしまうでしょう。

森林の伐採《ばっさい》でも同じようなもので、チェーンソーで木を切り倒《たお》すために伐採《ばっさい》の速度《そくど》が速《はや》く、オランウータンの親子は森の片隅《かたすみ》に追《お》いつめられてしまうのです。このようなとき母親は殺《ころ》されませんが、子どもは孤児《こじ》になることがあるのです。

ボクがリハビリ・センターに着《つ》いたとき、トラックが二頭《とう》のオランウータンの孤児《こじ》を運《はこ》んできました。二頭《とう》はしっかりと抱《だ》き合って、不安《ふあん》そうに周《まわ》りに集《あつ》まった人間を見ています。

レンジャーはそんな子どもの健康状態《けんこうじょうたい》をチェックして、二〜三日、入院《にゅういん》させます。その間に病気《びょうき》の予防注射《よぼうちゅうしゃ》や栄養剤《えいようざい》を与《あた》えるのです。

オランウータンのお母《かあ》さんは子どもが8歳《さい》くらいになるまで手もとで大切に育《そだ》てる。

野生《やせい》に帰る訓練《くんれん》

オランウータンの孤児《こじ》は、健康《けんこう》チェックが終《お》わると、同じ年齢《ねんれい》くらいの子どもといっしょに一つの檻《おり》で飼育《しいく》されます。仲間《なかま》と遊《あそ》ぶことが大切なのです。人間の子どもと同じで、仲間《なかま》と遊《あそ》びながら、やってもいいこと、悪《わる》いこと、かみついたりすると痛《いた》いということなど、いろいろなことを学びます。人間の子どもは、このようなことを学ばなくても生活していくことはできますが、オランウータンの子どもは、学ばずに森へ帰るとすぐに死《し》んでしまいます。遊《あそ》びをする子ども時代《じだい》というのは、生きていく上でとても大切な時期《じき》なのです。

檻《おり》の鉄棒《てつぼう》は木登《きのぼ》りの練習《れんしゅう》になり、腕《うで》の力をつけるのにも役立《やくだ》ちます。なにしろ森の中で生活するのは木の上ですから、うまく木に登《のぼ》ることは大切です。片手《かたて》、あるいは片足《かたあし》だけで長い時間ぶら下がったりすることができないと、木から落《お》ちてしまいます。

檻《おり》には木の葉のついた小枝《こえだ》が入れられます。この枝《えだ》の葉《は》っぱをかじってみたり、折《お》ったり、お尻《しり》の下に敷《し》いたりして遊《あそ》びますが、これは森で眠《ねむ》るときのベッドづくりの練習《れんしゅう》です。一か

森に帰る訓練《くんれん》をしても、センターを離《はな》れられないオランウータンの子もいる。

月、二か月……、いや一年でも二年でも、上手《じょうず》にできるようになるまで、ここで過《す》ごします。

レンジャーは毎日子どもたちを観察《かんさつ》して、健康状態《けんこうじょうたい》を見ながら、森に出すタイミングを計《はか》ります。

うまく木登《きのぼ》りとベッドづくりができるようになると、オランウータンの子どもは檻《おり》から出されて、センターの周《まわ》りの森に放《はな》されます。バナナなどの食《た》べ物《もの》は、レンジャーがあげます。朝と夕方、「オーイ、ご飯《はん》だよ！」と森に向《む》かって叫《さけ》びます。しばらくすると、森の奥《おく》からオランウータンの子どもが、ガサガサ、ザワザワと木の葉の音を立てながら、センターの近くにやってきます。

でも、なかには森に入っていかない子どももいます。甘《あま》えん坊《ぼう》なのでしょう。いつまでたっても、自分が入っていた檻《おり》の外側《そとがわ》に座《すわ》っていて、中にまだいる遊《あそ》び友《とも》だちを見ています。別《わか》れるのがさびしいのかもしれません。

森の中に行ったと思っていたら、センターの建物《たてもの》の屋根《やね》にいたりする子どももいます。やはり森の中に一人《ひとり》で行くのが不安《ふあん》なのでしょう。

こういうオランウータンの子どもがいてもレンジャーは絶対《ぜったい》にしかりません。お母《かあ》さんと離《はな》れて暮《く》らしてきたのですから、それだけでもえらいのです。もし「森へ行きなさい!」としかったら、きっとさびしさのあまり、死《し》んでしまうのにちがいありません。レンジャーはやさしく言葉《ことば》をかけてあげます。「もう君《きみ》はお兄《にい》さんだから、森でも大丈夫《だいじょうぶ》だよ」と言ってあげるのです。熱帯雨林《ねったいうりん》の夜は、真《ま》っ暗《くら》で、どんな危険《きけん》があるかわかりません。森には樹上《じゅじょう》にすむネコ科《か》の猛獣《もうじゅう》ウンピョウがいるし、木登《きのぼ》りが上手《じょうず》で猛毒《もうどく》をもつ夜行性《やこうせい》のヘビもいます。

動物《どうぶつ》を森に帰すレンジャーの努力《どりょく》もたいへんなものですが、ボクはそんなオランウータンの子どもを見ていて、「動物《どうぶつ》だって一生懸命《いっしょうけんめい》に生きているんだ」と感激《かんげき》しました。絶対《ぜったい》に孤児《こじ》などを作り出してはいけないのです。

巨《きょ》大《だい》なダンゴムシとスローロリス

毎日、ボクはセピロックのリハビリ・センターに通いました。ここには一般《いっぱん》の人が泊《と》まる施《し》設《せつ》がないので、サンダカンの町のホテルに泊《と》まっていました。夜はホテルで飲《の》み水《みず》を準備《じゅんび》します。お湯《ゆ》を沸《わ》かして冷《ひ》やし、それを二本の水筒《すいとう》に入れます。熱帯雨林《ねったいうりん》の中は暑《あつ》くて、すぐにのどが乾《かわ》くため、午前中に一本、午後に一本飲《の》む、というわけです。今ならミネラル・ウォーターがありますから、飲《の》み水《みず》は心配《しんぱい》ありませんが、生水《なまみず》は飲《の》まないほうが安全《あんぜん》です。とくに仕事《しごと》ですから、病気《びょうき》になってダウン……じゃ、責任《せきにん》が果《は》たせません。

その日はレンジャーが朝から森の奥《おく》に行くというので、連《つ》れていってもらうことにしました。森の奥《おく》には観察台《かんさつだい》があって、そこでほとんど野生《やせい》に帰ったオランウータンを見るのです。バナナなどを準備《じゅんび》して、オランウータンを呼《よ》び出し、健康状態《けんこうじょうたい》をチェックしたりします。

センターのわきから一本の小道が森の中に続《つづ》いています。ボクは森の中の景色《けしき》がめずらしくて、キョロキョロして歩きます。見るものはなんでも感動《かんどう》します。レンジャーが「ホラッ！」

と見せてくれたのは、巨大《きょだい》なダンゴムシ！　ゴルフボールくらいもあります。熱帯《ねったい》の森では一年中温度《おんど》も湿度《しつど》も高く暮《く》らしやすいので、さまざまな種類《しゅるい》の動物《どうぶつ》がいます。大きな昆虫《こんちゅう》もいるわけですが、このダンゴムシにはビックリです。

「よし、丸まっているのをやめて歩き出したところを写真《しゃしん》に撮《と》ろう」と決《き》めて、静《しず》かに待《ま》ちました。二分が過《す》ぎてもピクリとも動《うご》きません。「フーム、どうやらこっちの気配《けはい》を察知《さっち》しているらしい……」と考えていたとき、レンジャーが「この間保護《ほご》されたスローロリスを森に帰すけど、写真《しゃしん》、撮《と》る？」と聞《き》きました。「どこに放《はな》しますか？」とボクはレンジャーの方へ二、三歩進《すす》み、そしてふり返《かえ》り、ダンゴムシの位置《いち》を確認《かくにん》しました。

レンジャーの一人《ひとり》が抱《だ》っこしていたスローロリスが茂《しげ》みに放《はな》されました。スローロリスは夜《や》行性《こうせい》のサルですから、明るいときの動《うご》きは、夜よりもずっとスローなんだろうと思って油断《ゆだん》していました。スローロリスは意外《いがい》にもしっかりした足取《あしど》りで枝《えだ》をつかむと、ゴソゴソと茂《しげ》みに入っていってしまいました。

撮《と》った写真《しゃしん》はたった一枚《まい》！「しょうがないな……こりゃスピードロリスだよ……ブッブツ」とひとりごとを言いながら、「ま、ダンゴムシでも……」と思い、そっちをふり返《かえ》ってビックリ。ダンゴムシの姿《すがた》は影《かげ》も形もないのです。この間、約《やく》一分！　いやはや、まいりました。

ゴルフボール大の巨大《きょだい》ダンゴムシ。

意外《いがい》にスローではなかったスローロリス。

結局《けっきょく》、写真《しゃしん》はこれだけ。がっかりです。

と、われに返《かえ》ったとき、ボクは森の中に一人《ひとり》取《と》り残《のこ》されていることに気づきました。ダンゴムシだのスローロリスだのは、レンジャーたちの本来の仕事《しごと》ではありません。森の奥《おく》でオランウータンを観察《かんさつ》しなければならないので、大急《おおいそ》ぎで行ってしまったのです。

ボクもあわててカメラをしまい、森の奥《おく》へ続《つづ》く一本道を走りました。暑《あつ》いのなんの。森の奥《おく》の観察台《かんさつだい》に着《つ》いたときには、汗《あせ》が滝《たき》のように流《なが》れ落《お》ちました。「水だ、水だ」とゴクゴクと飲《の》んでしまいました。これが失敗《しっぱい》だったのです。飲《の》んだ水はすぐ汗《あせ》になり、結局《けっきょく》その日は、夕方になる前に水がなくなり、ひどい目にあいました。

おそるべし熱帯雨林《ねったいうりん》……。

セピロックの森

森の奥《おく》の観察台《かんさつだい》に上《のぼ》り、レンジャーが叫《さけ》びます。「ラッピン〜、ドニー」と、オランウータンを呼《よ》んでいるのです。ボクは汗《あせ》をふきふき森のこずえを見上げながら待《ま》ちつづけました。

オランウータンの若者《わかもの》“ラッピン”。センター育《そだ》ちのオランウータンにはみんな名前がついている。

やがて森の奥《おく》からザワザワ、ガサガサッとゆれる木の葉の音が聞こえてきました。オランウータンがやってきたのです。彼《かれ》らの動《うご》きを見ると、人が岩を登《のぼ》ったりするときに使《つか》う「三点確保《さんてんかくほ》」という方法《ほうほう》です。つまり、手足四本のうち必《かなら》ず三本は枝《えだ》につかまっている、という安全《あんぜん》な方法《ほうほう》です。だからゆっくりと移動《いどう》するのです。

同じ木の上で暮《く》らすテナガザルは、ボクたちがする「うんてい」のように腕《うで》二本でぶら下がり、体をふってものすごいスピードで移動《いどう》します。その途中《とちゅう》には十メートルもの空中ジャンプもありますから、あっという間《ま》に森の奥《おく》へ消《き》えていきます。

オランウータンとテナガザルは同じ樹上《じゅじょう》ずまいなのに、ずいぶんとスピードが違《ちが》うわけです。興味深《きょうみぶか》いのは、たしかにテナガザルはあまりエネルギーを使《つか》わずに勢《いきお》いに乗《の》って猛《もう》スピードで移動《いどう》するのですが、博物学者《はくぶつがくしゃ》のＡ《エイ》・Ｈ《エイチ》・シュルツという人が、かつてタイで二三三頭《とう》のテナガザルを解剖《かいぼう》して調《しら》べた結果《けっか》、メスの二八パーセント、オスの三七パーセントが木から落《お》ちて骨折《こっせつ》した跡《あと》がある、というのです。ポーンと枝《えだ》から枝《えだ》へ移動《いどう》するとき、枯《か》れた枝《えだ》をつかんでしまい、四〇メートルも下の地面《じめん》にたたきつけられることがあるのです。

オランウータンは体重《たいじゅう》が重《おも》いため、落《お》ちたら死《し》ぬことを知っているのでしょう。ゆっくり確実《かくじつ》に枝《えだ》をつかみ、もし枯《か》れ枝《えだ》をつかんで折《お》れてもほかの二本の手足でつかんでいるから、落《お》ちないのです。

そんなことを考えながら、ガサゴソと葉音《はおと》をたてながら現《あらわ》れたオランウータンをながめていました。一頭《とう》はもう立派《りっぱ》な大人《おとな》、もう一頭《とう》は若者《わかもの》でした。二頭《とう》とも以前《いぜん》は孤児《こじ》で、センターで保護《ほご》されていたものです。木登《きのぼ》りとベッドづくりができるようになり、さらに森の奥《おく》で食《た》べ物《もの》である果実《かじつ》を自分で見つけられるようになったのです。でもまだ完全《かんぜん》ではなく、レンジャーがもってくるバナナなどをあてにしているところがあるのです。だからこうして目の前に現《あらわ》れるわけです。あと数年もすれば完全《かんぜん》に野生《やせい》に戻《もど》り、名前を呼《よ》ばれても戻《もど》ってはこなくなるのです。

でも、センターがやっていることに一つ問題《もんだい》が出ています。オランウータンを保護《ほご》したときに結核《けっかく》や小児麻痺《しょうにまひ》などに対《たい》する予防接種《よぼうせっしゅ》をしますが、これが本当の野生《やせい》のオランウータンにそういう病気《びょうき》をうつすことがある、ということです。予防接種《よぼうせっしゅ》をしていれば、菌《きん》などが体に入ってても発病《はつびょう》しませんが、野生《やせい》のものは予防接種《よぼうせっしゅ》などしていないので、病気《びょうき》がうつってしまうのです。

人間が努力《どりょく》して野生《やせい》に戻《もど》してあげたことが、かえって良《よ》くない結果《けっか》になるわけです。やはりリハビリ・センターは、オランウータンを絶滅《ぜつめつ》させないための最後《さいご》の施設《しせつ》であって、森を切らないでオランウータンを自然《しぜん》のままに生活させることが大切なのだ、とつくづく思いました。

オランウータンからの土産《みやげ》

オランウータンのすむ森を去《さ》る日が来ました。リハビリ・センターの周《まわ》りには、子どものオランウータンがいます。そのオランウータンたちを最後《さいご》に見ていこうと思いました。

この子どもたちはもう木登《きのぼ》りができ、夜もだいたい木の上にベッドを作って眠《ねむ》れるようになったものです。でも食《た》べ物《もの》はまだ自分たちでは探《さが》せないのです。雨が降《ふ》ると、いつも過《す》ごした檻《おり》に戻《もど》ってきてしまうそうです。それと森がこわいらしく、森の奥《おく》へどうしても行かないのです。でもレンジャーたちは冷《つめ》たくあしらいます。そうしないといつまでも甘《あま》えるからです。

オランウータンの子どもたちは、高い木の上からいつもレンジャーたちの動《うご》きを見ていて、バナナの時間になると、木から下りてきます。食《た》べ物《もの》をもらうと同時にひとしきり遊《あそ》びます。まだまだ人間が恋《こい》しいのでしょう。

オランウータンは、ボクのことを〝お客《きゃく》〟だと知っています。レンジャーの顔をちゃんと覚《おぼ》えていて、その顔とちがうと思っているのです。そういう人間を見ると、遊《あそ》びにやってきます。ボクはそんなオランウータンの子どもの写真《しゃしん》を撮《と》っていました。ファインダーをのぞきながら、「フムフム、なかなかかわいいぞ。よしこっち見て!」と、パシャリ、パシャリやっていたのです。そんなとき、パラパラと雨が降《ふ》ってきました。いや、降《ふ》ってきたような気がしたのです。「まずいな、雨とは……」と、急《いそ》いで道具《どうぐ》を片《かた》づけようとして、空をながめました。

大木の上の方に二頭《とう》のオランウータンの子どもがいるのが見えました。ツタをつかんで下りてきました。「おー、これも撮《と》っておくか」とカメラを向《む》けたときです。ツタをつかんで両脚《りょうあし》

人と遊《あそ》びたがるオランウータンの子ども。

を大きく広げた間から、「シャーッ」と、水が飛《と》び出したではありませんか！

そうです。単《たん》なる水ではなくて、オシッコだったのです。「ウワーッ、レンズが……」と大きな声を出してしまいました。そんなボクを見て、オランウータンがニヤッと笑《わら》ったような気がしました。わざとやったのです。人間が大騒《おおさわ》ぎするのを見て楽しんでいるにちがいありません。だとすると、先ほどの雨も、オランウータンのいたずらだったのです。

動物園《どうぶつえん》などでもゴリラが自分のウンチをお客《きゃく》さんのほうへ投《な》げつけたり、水を飛《と》ばしたりします。チンパンジーが土の塊《かたまり》を人間にぶつけたりします。こうすると人間が大騒《おおさわ》ぎをすることを知っていて、一種《いっしゅ》のストレス解消《かいしょう》にしているのです。

セピロックのオランウータンも、なにかの拍子《ひょうし》に、オシッコを引っかけるのを覚《おぼ》えたにちがいありません。口を開《あ》けて空なんかを見ていなくてよかった！　と思いました。

ま、それはいいのですが、あまりに動物園《どうぶつえん》の住人《じゅうにん》のようになってしまったオランウータンの子どもたちは、果《は》たして森に帰《かえ》れるようになるのか、ちょっと心配《しんぱい》になりました。オランウータンからの最後《さいご》のお土産《みやげ》だと思いながら、ボクはリハビリ・センターをあとにしました。

動物学者《どうぶつがくしゃ》への道

ボルネオから日本へ帰る飛行機《ひこうき》の中で、ボクは泉《いずみ》先生のことを考えました。このところ泉《いずみ》先生と動物《どうぶつ》の調査《ちょうさ》に行かなくなったからです。ボクは泉《いずみ》先生のような動物学者《どうぶつがくしゃ》になりたいな、と思っていたのですが、だんだんちがう道を進《すす》んでいます。人それぞれ、自分が良《よ》いと思った道を歩けばよいのですが、少し気になりだしたのです。

国立科学博物館《こくりつかがくはくぶつかん》に顔を出して泉《いずみ》先生に「ただいま」を言いました。相変《あいか》わらずのんきな先生は、「今度《こんど》はどこに行くのですか？」なんて、もう先のことを言います。

「ところで先生。先生は子どものころから動物《どうぶつ》が好《す》きだったのですか？」と聞きました。先生はソファーに座《すわ》ると、ゆっくり話をしてくれました。

「私《わたし》のおやじは軍人《ぐんじん》でね、仙台《せんだい》で生まれたのですが、小学校五年生の秋、東京へ引《ひ》っ越《こ》してきて、じきに朝鮮《ちょうせん》（現在《げんざい》の北朝鮮《きたちょうせん》）へ移《うつ》ったのです。軍人《ぐんじん》というのは、会社に勤《つと》めている人と同じで、あちこちに転勤《てんきん》するのです。転勤《てんきん》ですから、家族《かぞく》もいっしょなのです。東京から列《れっ》車《しゃ》で神戸《こうべ》、そこから船《ふね》で瀬戸内海《せとないかい》を通って下関《しものせき》、釜山《プサン》。さらに朝鮮半島《ちょうせんはんとう》の東側《ひがしがわ》を北へ港《みなと》ごとに泊《と》まりながら、清津《チョンジン》まで一週間もかかりましたね」と、第二次世界大戦《だいにじせかいたいせん》の前の話から始《はじ》まりました。

「軍《ぐん》の宿舎《しゅくしゃ》は、そこから南の羅南《ラナム》というところにあり、ソ連《れん》（現在《げんざい》のロシア）との国境《こっきょう》近くで、暗《くら》い街《まち》でしたね。地の果《は》て……のようなところだったのですが、そこに一軒《けん》の剝製屋《はくせいや》があったのです。それは驚《おどろ》きました。たくさんのオオヤマネコの毛皮《けがわ》の中に何頭《なんとう》かのヒョウもあり、たまにはトラもありましたね。私《わたし》は、その毛皮《けがわ》がどんな動物《どうぶつ》のものなのかとても興味《きょうみ》が湧《わ》いたのです。このとき動物好《どうぶつず》きになったのかもしれませんね～」と、言いました。

「六年生になったときの理科《りか》の先生がとても動物《どうぶつ》のことにくわしくて、よく教えてくれました。『動物図鑑《どうぶつずかん》』（北隆館《ほくりゅうかん》）を買うといいと言ったので母に話すと、すぐに東京に手紙を出して、買う手続《てつづ》きをしてくれましたよ。学校では転校生《てんこうせい》ということでちょっとイジメられていたし、友だちもできなかったので、裏山《うらやま》を一人《ひとり》で探検《たんけん》したり、鳥やチョウを集《あつ》めるのが楽しくなったのです。ところがね、ある日、裏山《うらやま》でアカオオカミ（たぶん）の死体《したい》を見つけ、何時間もかけて頭骨《とうこつ》を標本《ひょうほん》にしたんですよ。ハハハハ……」と、照《て》れたように先生は笑《わら》ったのですが、そのことで自信《じしん》がつき、動物学《どうぶつがく》の道を進《すす》もうと決心《けっしん》するようになったのだそうです。

ボクは泉《いずみ》先生の話を聞いて、ホッとしました。ふつうの男の子と同じだし、とくに天才でもないし、自分がおもしろい！　と思ったことをやりつづけたのですから。

それからしばらくして、出版社《しゅっぱんしゃ》から電話がかかってきました。「もしも～し、すぐにドサンコの取材《しゅざい》をしてきてください。子ウマが生まれるところを……」と、もうボクが行くと決《き》めて話をしていました。

「フーム、動物学者《どうぶつがくしゃ》の道は遠いな〜」と思いましたが、「動物《どうぶつ》の顔を見たり、調《しら》べたりしていられるのだから、楽しまなきゃ」と決《き》めました。

あとがき

この本は二〇〇二年四月から二年間にわたって毎日小学生新聞《まいにちしょうがくせいしんぶん》（毎日新聞社《まいにちしんぶんしゃ》）に連載《れんさい》された「ボクの先生は動物《どうぶつ》たち」を改《あらた》めてまとめたものです。連載《れんさい》は全部《ぜんぶ》で一〇四回の長いものでしたが、終《お》わってみればわずかな期間《きかん》だったような気もします。

ボクは、北は北海道《ほっかいどう》・サロベツ原野《げんや》から南は沖縄《おきなわ》・西表島《いりおもてじま》までの各地《かくち》で調査《ちょうさ》などを続《つづ》けてきましたが、そんな調査《ちょうさ》に古くからの知り合いである漫画家《まんがか》の内山安二《うちやまやすじ》さんが時おり参加《さんか》しました。内山さんは自然《しぜん》が大好《だいす》きで、忙《いそが》しさを顔に出さず、いつもニコニコしていました。調査《ちょうさ》地《ち》でテントの設営《せつえい》が終《お》わると、かまどを作り火をおこします。ボクたちがワナをかけにいっている間、お湯《ゆ》をわかしながら火の番《ばん》をしていてくれます。その間にあたりの様子《ようす》をスケッチしたりしています。

あるときご飯《はん》をよそうのに欠《か》かせない「しゃもじ」を忘《わす》れたことがありました。町までは遠く、時間もないし大きなスプーンで代用《だいよう》するしかないな、と思っていました。夕方、ワナをかけ終《お》えてキャンプに戻《もど》ってきたとき、内山さんが「ハイッ」と言ってボクに「しゃもじ」を渡《わた》してくれました。「あれっ？」と思って聞いてみると、海岸《かいがん》に流《なが》れついた流木《りゅうぼく》から小さいのを選《えら》び、それをナイフで削《けず》って作ってくれたのでした。

そんな内山さんともしばらくご無沙汰《ぶさた》していましたが、二〇〇一年の秋、電話《でんわ》がかかってきました。「ちょっとお願《ねが》いしたいことがあって」ということで頼《たの》まれたのが、毎日小学生新聞《まいにちしょうがくせいしんぶん》の連載《れんさい》だったのです。内山さんは長いこと毎日新聞社《まいにちしんぶんしゃ》で仕事《しごと》をしていましたが、小学生新聞《しょうがくせいしんぶん》の編集部《へんしゅうぶ》で動物調査《どうぶつちょうさ》が楽しかったという話をしたら、そのことをぜひ今泉《いまいずみ》さんに書いてほしいと編集長《へんしゅうちょう》から頼《たの》まれた、というのです。そのとき最後《さいご》に電話《でんわ》の向《む》こうで内山さんがちょっと気になることを言いました。「元気だけど、どうも体調《たいちょう》がすぐれなくてね」と。「歳《とし》のせいでしょう……」とも言えず、黙《だま》っていました。

新聞《しんぶん》の連載《れんさい》というのは、始《はじ》まってみると、たいへん忙《いそが》しいことがわかりました。一週間《しゅうかん》にたったの一回なのですが、すぐに一週間《しゅうかん》がたってしまうのです。最初《さいしょ》は一年間の連載《れんさい》という約束《やくそく》でしたから、頭の中で順番《じゅんばん》を考え、最終回《さいしゅうかい》に何を書くかを決《き》めて表にしておきました。ところがじきに予定《よてい》が変《か》わったのです。二、三か月たったとき、編集部《へんしゅうぶ》からおもしろいから一年のばしてください、というのです。つまり二年間書くということですから、予定《よてい》の組《く》みなおしなのです。果《は》たしてそんなに話が続《つづ》くだろうかという心配《しんぱい》もありました。

そんなときです。内山さんがとつぜん亡《な》くなってしまったのです。
現代人《げんだいじん》というのはさびしいもので、そんな状況《じょうきょう》になっても仕事《しごと》は続《つづ》きます。やはり連載《れんさい》は一年でやめようか……とひそかに思うようになりました。内山さんが参加《さんか》したニホンカワウソやトウキョウトガリネズミの調査《ちょうさ》の話があるからです。

秋らしい気配《けはい》が漂《ただよ》ってきたある日、一通の絵はがきが舞《ま》い込《こ》みました。「毎回《まいかい》楽しく読ませていただいています。……話に登場《とうじょう》する〝泉《いずみ》先生〟の正体がわかってきました……」などと書かれており、ビックリしました。ここで明かしますが、実《じつ》は〝泉《いずみ》先生〟というのは、ボクの父親なのです。父親を先生という人間は多くないでしょうから、ちょっとカムフラージュしたわけです。その正体がわかった……とは、ボクの知っている人にちがいありません。はがきの差出人《さしだしにん》を見てまたビックリ。飯野寿雄《いいのとしお》さんという、知り合いの編集者《へんしゅうしゃ》でした。ボクは大人《おとな》の人が『小学生新聞《しょうがくせいしんぶん》』を読《よ》んでいるとは夢《ゆめ》にも思わなかったのです。飯野《いいの》さんの言葉《ことば》にはげまされ、二年間の連載《れんさい》を終《お》えることができ、さらに、一冊《さつ》の本としてまとめることができました。深《ふか》く感謝《かんしゃ》するしだいです。

ここでボクは、この一冊《さつ》が生まれた背景《はいけい》を書いたつもりではありません。ボクがここで書きたかったことは、運命的《うんめいてき》とも思える「人とのつながり」です。生きていく上で人との出会い、そしてつながりがいかに大切か、ということを感《かん》じています。それと、出会う人、みなさんがいうことは「楽しく仕事《しごと》をする」、「夢《ゆめ》をもち続《つづ》ける」ことの大切さです。ボクもそう思っています。結果的《けっかてき》にどんな仕事《しごと》につこうとも、その時々《ときどき》に積《つ》み重《かさ》ねられてきた経験《けいけん》や知識《ちしき》は、なんらかの形で必《かなら》ず生きてきます。やっていることにムダなことは何一つないのだとつくづく思います。この考え方が人と人を結《むす》びつけているのだと感《かん》じるようになりました。

この本は、これから世の中に飛《と》び出していく若《わか》いあなたたちのなんらかの参考《さんこう》になれば、と思って、連載《れんさい》したボクの半生《はんせい》をまとめたものです。ぜひ「夢《ゆめ》をもち続《つづ》ける」をモットーに楽しく仕事《しごと》をする人になってほしいと思うのです。

平成《へいせい》一六年十月

今泉《いまいずみ》　忠明《ただあき》

著者紹介　今泉 忠明（いまいずみ　ただあき）
1944年、東京都生まれ。東京水産大学卒業後、国立科学博物館で哺乳類の分類を学ぶ。文部省の国際生物学事業計画（IBP）調査、日本列島総合調査、環境省のイリオモテヤマネコの生態調査などに参加。上野動物園動物解説員、（社）富士市自然動物園協会研究員、川崎市環境影響評価審議会委員などを歴任。
おもな著書に『野生動物観察事典』（東京堂出版）、『新アニマルトラック・ハンドブック』（自由国民社）、『野生ネコの百科』（データハウス）、『進化を忘れた動物たち』（講談社）ほか多数。

写真協力　（財）東京動物園協会
装幀 イラストレーション　中島祥子
編集協力　樋口清美

ボクの先生は動物たち　NDC 916

2004年11月11日　第1刷発行
2006年2月20日　第2刷発行

著　者　今泉忠明
発行者　飯野寿雄
発行所　ハッピーオウル社
〒102-0082　東京都千代田区一番町11-1
TEL (03)5276-6031　FAX (03)5276-6032
郵便振替　00170-7-704042
http://happyowlsha.com/
印刷所　三美印刷　製本所　福島製本印刷

ISBN 4-902528-05-3 C0095　232 p　18.8 cm×12.7 cm

Published by HAPPY OWL Co., Ltd. Printed in Japan